3.4 绘制风景画

3.5 绘制风景插画

4.1 制作传统
文字书籍封面

4.1.5 制作散文诗
书籍封面

4.2 制作古物鉴赏书籍封面

4.2.5 制作茶文化书籍封面

4.3 制作药膳养生书籍

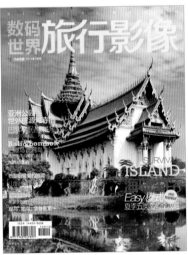
5.1 制作旅行影像杂志封面

5.1.5 制作汽车杂志封面

5.2 制作旅游杂志内文 1

5.2.5 制作旅游杂志内文 2

6.1 制作鸡肉卷宣传单

6.1.5 制作旅游宣传单

6.2 制作房地产宣传单

6.2.5 制作我为歌声狂宣传单

6.3 制作咖啡宣传单

6.4 制作美容院宣传单

7.1 制作夜吧海报

7.1.5 制作音乐会海报

7.3 制作冰淇淋海报

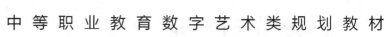

中等职业教育数字艺术类规划教材

边做边学

CorelDRAW X5

图形设计案例教程

魏哲 编著

人民邮电出版社

北 京

图书在版编目（C I P）数据

CorelDRAW X5图形设计案例教程 / 魏哲编著. -- 北京：人民邮电出版社，2014.6（2024.2重印）
（边做边学）
中等职业教育数字艺术类规划教材
ISBN 978-7-115-35046-6

Ⅰ. ①C… Ⅱ. ①魏… Ⅲ. ①图形软件—中等专业学校—教材 Ⅳ. ①TP391.41

中国版本图书馆CIP数据核字(2014)第049923号

内 容 提 要

本书全面系统地介绍CorelDRAW X5 的基本操作方法和图形图像处理技巧，并对其在平面设计领域的应用进行深入的介绍，包括初识CorelDRAW X5、实物绘制、插画设计、书籍装帧设计、杂志设计、宣传单设计、海报设计、广告设计、包装设计、综合设计实训等内容。

本书内容的介绍均以课堂实训案例为主线，通过案例的操作，学生可以快速熟悉案例设计理念。书中的软件相关功能解析部分使学生能够深入学习软件功能；课堂实战演练和课后综合演练，可以拓展学生的实际应用能力。在本书的最后一章，精心安排了专业设计公司的多个综合设计实训，力求通过这些案例的制作，使学生提高艺术设计创新能力。本书配套光盘中包含了书中所有案例的素材及效果文件，以利于教师授课，学生练习。

本书可作为中等职业学校数字艺术类专业"平面设计"课程的教材，也可供相关人员学习参考。

◆ 编　著　魏　哲
责任编辑　王　平
责任印制　焦志炜

◆ 人民邮电出版社出版发行　　北京市丰台区成寿寺路 11 号
邮编　100164　电子邮件　315@ptpress.com.cn
网址　http://www.ptpress.com.cn
固安县铭成印刷有限公司印刷

◆ 开本：787×1092　1/16　　　彩插：1
印张：14　　　　　　　　　　2014 年 6 月第 1 版
字数：361 千字　　　　　　　2024 年 2 月河北第 19 次印刷

定价：39.80 元（附光盘）

读者服务热线：(010) 81055256　印装质量热线：(010) 81055316
反盗版热线：(010) 81055315
广告经营许可证：京东市监广登字20170147号

前　言

CorelDRAW 是由 Corel 公司开发的矢量图形处理和编辑软件，它功能强大、易学易用，深受图形图像处理爱好者和平面设计人员的喜爱，已经成为这一领域最流行的软件之一。目前，我国很多中等职业学校的数字艺术类专业，都将 CorelDRAW 作为一门重要的专业课程。为了帮助中等职业学校的教师全面、系统地讲授这门课程，使学生能够熟练地使用 CorelDRAW 来进行设计创意，我们几位长期在中等职业学校从事 CorelDRAW 教学的教师与专业平面设计公司经验丰富的设计师合作，共同编写了本书。

根据现代中等职业学校的教学方向和教学特色，我们对本书的编写体系做了精心的设计。全书根据 CorelDRAW 在设计领域的应用方向来布置分章，每章按照"课堂实训案例－软件相关功能－课堂实战演练－课后综合演练"这一思路进行编排，力求通过课堂实训案例，使学生快速熟悉艺术设计理念和软件功能；通过软件相关功能解析，使学生深入学习软件功能和制作特色；通过课堂实战演练和课后综合演练，提高学生的实际应用能力。

在内容编写方面，我们力求细致全面、重点突出；在文字叙述方面，我们注意言简意赅、通俗易懂；在案例选取方面，我们强调案例的针对性和实用性。

本书配套光盘中包含了书中所有案例的素材及效果文件。另外，为方便教师教学，本书还配备了详尽的课堂实战演练和课后综合演练的操作步骤文稿、PPT 课件、教学大纲、商业实训案例文件等丰富的教学资源，任课教师可登录人民邮电出版社教学服务与资源网（www.ptpedu.com.cn）免费下载使用。本书的参考学时为 50 学时，各章的参考学时参见下面的学时分配表。

章　　节	课 程 内 容	讲 授 课 时
第 1 章	初识 CorelDRAW X5	2
第 2 章	实物绘制	5
第 3 章	插画设计	6
第 4 章	书籍装帧设计	5
第 5 章	杂志设计	6
第 6 章	宣传单设计	5
第 7 章	海报设计	5
第 8 章	广告设计	4
第 9 章	包装设计	6
第 10 章	综合设计实训	6
课 时 总 计		50

本书由魏哲编著，参与本书编写工作的还有周志平、葛润平、张旭、吕娜、孟娜、张敏娜、张丽丽、邓雯、薛正鹏、王攀、陶玉、陈东生、周亚宁、程磊、房婷婷等。

由于编者水平有限，书中难免存在疏漏和不妥之处，敬请广大读者批评指正。

编　者
2014 年 2 月

前　言

　　CorelDRAW 是由 Corel 公司开发的矢量图形处理和编辑软件，它功能强大、易学易用，深受图形图像处理爱好者和平面设计人员的喜爱，已经成为这一领域最流行的软件之一。目前，我国很多中等职业学校的数字艺术类专业，都将 CorelDRAW 作为一门重要的专业课程。为了帮助中等职业学校的教师全面、系统地讲授这门课程，使学生能够熟练地使用 CorelDRAW 来进行设计创意，我们几位长期在中等职业学校从事 CorelDRAW 教学的教师与专业平面设计公司经验丰富的设计师合作，共同编写了本书。

　　根据现代中等职业学校的教学方向和教学特色，我们对本书的编写体系做了精心的设计。全书根据 CorelDRAW 在设计领域的应用方向来布置分章，每章按照"课堂实训案例－软件相关功能－课堂实战演练－课后综合演练"这一思路进行编排，力求通过课堂实训案例，使学生快速熟悉艺术设计理念和软件功能；通过软件相关功能解析，使学生深入学习软件功能和制作特色；通过课堂实战演练和课后综合演练，提高学生的实际应用能力。

　　在内容编写方面，我们力求细致全面、重点突出；在文字叙述方面，我们注意言简意赅、通俗易懂；在案例选取方面，我们强调案例的针对性和实用性。

　　本书配套光盘中包含了书中所有案例的素材及效果文件。另外，为方便教师教学，本书还配备了详尽的课堂实战演练和课后综合演练的操作步骤文稿、PPT 课件、教学大纲、商业实训案例文件等丰富的教学资源，任课教师可登录人民邮电出版社教学服务与资源网（www.ptpedu.com.cn）免费下载使用。本书的参考学时为 50 学时，各章的参考学时参见下面的学时分配表。

章　节	课程内容	讲授课时
第 1 章	初识 CorelDRAW X5	2
第 2 章	实物绘制	5
第 3 章	插画设计	6
第 4 章	书籍装帧设计	5
第 5 章	杂志设计	6
第 6 章	宣传单设计	5
第 7 章	海报设计	5
第 8 章	广告设计	4
第 9 章	包装设计	6
第 10 章	综合设计实训	6
课时总计		50

　　本书由魏哲编著，参与本书编写工作的还有周志平、葛润平、张旭、吕娜、孟娜、张敏娜、张丽丽、邓雯、薛正鹏、王攀、陶玉、陈东生、周亚宁、程磊、房婷婷等。

　　由于编者水平有限，书中难免存在疏漏和不妥之处，敬请广大读者批评指正。

编　者

2014 年 2 月

目　　录

第1章 初识 CorelDRAW X5

CorelDRAW 是目前最流行的矢量图形设计软件之一，它是由全球知名的专业化图形设计与桌面出版软件开发商——加拿大的 Corel 公司于 1989 年推出的。本章通过对案例的讲解，使读者对 CorelDRAW X5 有初步的认识和了解，并掌握该软件的基础知识和基本操作方法，为以后的学习打下一个坚实的基础。

 课堂学习目标

- 掌握工作界面的基本操作
- 掌握设置文件的基本方法
- 掌握图像的基本操作方法

1.1 界面操作

1.1.1 【操作目的】

通过打开文件命令熟悉菜单栏的操作；通过选取图像、移动图像和缩放图像掌握工具箱中工具的使用方法。

1.1.2 【操作步骤】

步骤 1 打开 CorelDRAW X5 软件，选择"文件 > 打开"命令，弹出"打开"对话框。选择光盘中的"Ch01 > 效果 > 01"文件，如图 1-1 所示。单击"打开"按钮，打开文件，如图 1-2 所示，显示 CorelDRAW X5 的软件界面。

步骤 2 选择左侧工具箱中的"选择"工具 ↖，单击选取页面中的星星图像，如图 1-3 所示。拖曳图像到页面中的左上角，移动星星图像，如图 1-4 所示。

步骤 3 将鼠标指针放置在星星图像对角线的控制手柄上，拖曳对角线上的控制手柄，放大星星图像，如图 1-5 所示。

步骤 4 选择"文件 > 另存为"命令，弹出"另存为"对话框，设置保存文件的名称、路径和类型，单击"保存"按钮保存文件。

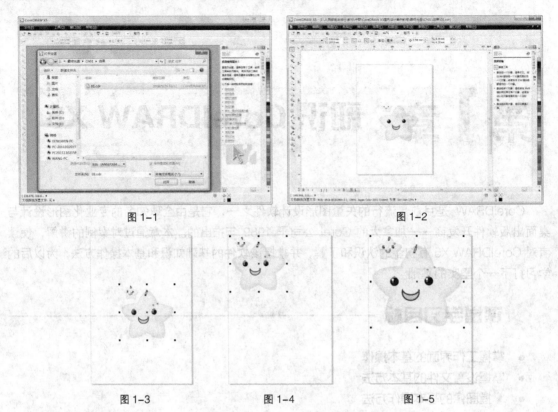

图 1-1　　　　　　　　　　　图 1-2

图 1-3　　　　　　图 1-4　　　　　　图 1-5

1.1.3　【相关工具】

1. 菜单栏

CorelDRAW X5 中文版的菜单栏包含文件、编辑、视图、布局、排列、效果、位图、文本、表格、工具、窗口、帮助等几个大类，如图 1-6 所示。单击每一类的按钮都将弹出其下拉菜单，如单击"编辑"按钮，系统将弹出如图 1-7 所示的下拉式菜单。

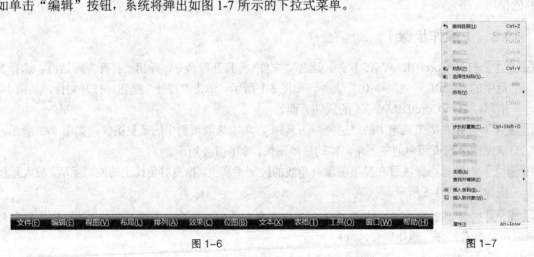

图 1-6　　　　　　　　　　　　　　图 1-7

最左边为图标，它和工具栏中具有相同功能的图标一致，以便于用户记忆和使用。
最右边显示的组合键则为操作快捷键，便于用户提高工作效率。

某些命令后带有 ▸ 标志，表明该命令还有下一级菜单，将光标停放其上即可弹出下拉菜单。某些命令后带有 ⋯ 标志，表明单击该命令可弹出对话框，允许用户进一步对其进行设置。

此外，"编辑"下拉菜单中的有些命令呈灰色状，表明该命令当前还不可使用，需要进行一些相关的操作后方可使用。

2. 工具栏

在菜单栏的下方通常是工具栏，但实际上，它摆放的位置可由用户决定。不止是工具栏如此，在 CorelDRAW X5 中文版中，只要在各栏前端出现控制柄的，均可按照用户自己的习惯进行拖曳摆放。

CorelDRAW X5 中文版的"标准"工具栏如图 1-8 所示。

图 1-8

这里存放了几种常用的命令按钮，如"新建"、"打开"、"保存"、"打印"、"剪切"、"复制"、"粘贴"、"撤销"、"重做"、"导入"、"导出"、"应用程序启动器"、"欢迎屏幕"、"缩放级别"、"贴齐"、"选项"等。它们可以使用户便捷地完成以上这些基本的操作动作。

此外，CorelDRAW X5 中文版还提供了其他一些工具栏，用户可以在"选项"对话框中选择它们。选择"工具 > 选项"命令，弹出如图 1-9 所示的对话框，选取所要显示的工具栏，单击"确定"按钮即可显示。图 1-10 所示为选择"文本"后显示的工具栏。

图 1-9

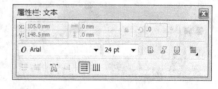

图 1-10

在菜单栏空白处单击鼠标右键，在弹出的快捷菜单中选择"变换"命令，可显示"变换"工具栏，如图 1-11 所示。选择"窗口 > 工具栏 > 变换"命令，也可显示"变换"工具栏。

图 1-11

3. 工具箱

CorelDRAW X5 中文版的工具箱中放置着在绘制图形时的常用工具，这些工具是每一个软件使用者必须掌握的。CorelDRAW X5 中文版的工具箱如图 1-12 所示。

在工具箱中，依次分类排放着"选择"工具、"形状"工具、"裁剪"工具、"缩放"工具、"手绘"工具、"智能填充"工具、"矩形"工具、"椭圆形"工具、"多边形"工具、"基本形状"工具、"文本"工具、"表格"工具、"平行度量"工具、"直线连接器"工具、"交互式调和"工具、"滴管"工具、"轮廓"工具、"填充"工具、"交互式填充"工具等几大类工具。

其中，有些带有小三角标记 ◢ 的工具按钮，表明其还有展开的工具栏，将光标停放其上即可展开。例如，光标停放在"填充"工具 ◇ 上，将展开工具栏 ■ ■ ▨ ▓ 🗗 ✕ ▦ 。此外，也可将其拖曳出来，变成固定工具栏，如图 1-13 所示。

图 1-12　　　　　　　　　　　　　　　　　图 1-13

4. 泊坞窗

CorelDRAW X5 中文版的泊坞窗，是一个十分有特色的窗口。当打开这一窗口时，它会停靠在绘图窗口的边缘，因此被称为"泊坞窗"。选择"窗口 > 泊坞窗 > 属性"命令，弹出如图 1-14 所示的"对象属性"泊坞窗。

还可将泊坞窗拖曳出来，放在任意的位置，如图 1-15 所示。

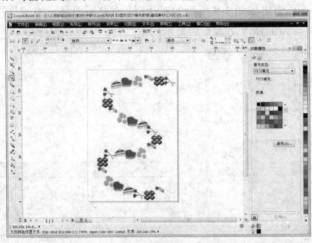

图 1-14　　　　　　　　　　　　　　　　　图 1-15

其实，除了名称有些特别之外，泊坞窗更大的特色是其提供给用户的便捷的操作方式。通常情况下，每个应用软件都会给用户提供许多用于设置参数、调节功能的对话框。用户在使用时，必须先打开它们，然后进行设置，再关闭它们。而一旦需要重新设置，则又要再次重复上述动作，十分不便。CorelDRAW X5 中文版的泊坞窗彻底解决了这一问题，它通过这些交互式对话框，使用户无须重复打开、关闭对话框就可查看到所做的改动，极大地方便了广大的用户。

CorelDRAW X5 泊坞窗的列表，位于"窗口 > 泊坞窗"子菜单中。用户可以选择"泊坞窗"下的各个命令，来打开相应的泊坞窗。当几个泊坞窗都打开时，除了活动的泊坞窗之外，其余的泊坞窗将沿着泊坞窗的边缘以标签形式显示，效果如图 1-16 所示。

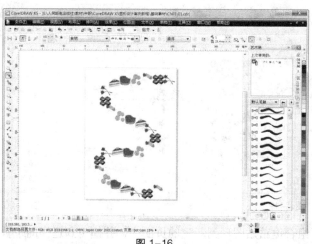

图 1-16

1.2 文件设置

1.2.1 【操作目的】

通过打开文件熟练掌握"打开"命令；通过复制图像到新建的文件中熟练掌握"新建"命令；通过关闭新建的文件熟练掌握"保存"和"关闭"命令。

1.2.2 【操作步骤】

步骤 1 打开 CorelDRAW X5 软件，选择"文件 > 打开"命令，弹出"打开"对话框，如图 1-17 所示。选择光盘中的"Ch01 > 效果 > 02"文件，单击"打开"按钮打开文件，如图 1-18 所示。

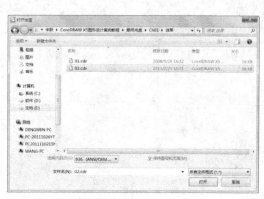

图 1-17

图 1-18

步骤 2 按 Ctrl+A 组合键全选图形，如图 1-19 所示。按 Ctrl+C 组合键复制图形。选择"文件 > 新建"命令，新建一个页面，如图 1-20 所示。

中等职业教育数字艺术类规划教材

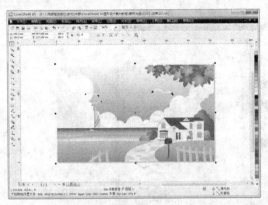
图 1-19

图 1-20

步骤 3 按 Ctrl+V 组合键粘贴图形到新建的页面中，并拖曳到适当的位置，如图 1-21 所示。单击绘图窗口右上角的按钮 ×，弹出提示对话框，如图 1-22 所示，单击"是"按钮，弹出"保存图形"对话框，选项的设置如图 1-23 所示，单击"保存"按钮保存文件。

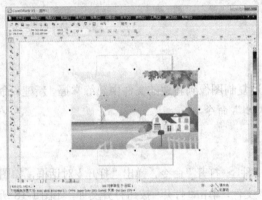
图 1-21

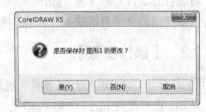
图 1-22

图 1-23

步骤 4 再次单击绘图窗口右上角的按钮 ×，关闭打开的"02"文件。单击标题栏右侧的"关闭"按钮 ⊠，可关闭软件。

1.2.3 【相关工具】

1. 新建和打开文件

新建或打开一个文件是使用 CorelDRAW X5 进行设计时的第一步。下面介绍新建和打开文件的各种方法。

（1）使用 CorelDRAW X5 启动时的欢迎窗口新建和打开文件。启动时的欢迎窗口如图 1-24 所示。单击"新建空白文档"图标，可以建立一个新的文档；单击"打开最近用过的文档"图标，可以打开前一次编辑过的图形文件；单击"打开其他文档"图标，弹出如图 1-25 所示的"打开图形"对话框，可以从中选择要打开的图形文件。

图 1-24

图 1-25

（2）使用菜单命令和快捷键新建和打开文件。选择"文件 > 新建"命令，或按 Ctrl+N 组合键新建文件。选择"文件 > 从模板新建"或"打开"命令，或按 Ctrl+O 组合键打开文件。

（3）使用标准工具栏新建和打开文件。使用 CorelDRAW X5 标准工具栏中的"新建"按钮 和"打开"按钮 来新建和打开文件。

2. 保存和关闭文件

当我们完成好某一作品时，就要对其进行保存和关闭。下面介绍保存和关闭文件的各种方法。

（1）使用菜单命令和快捷键保存文件。选择"文件 > 保存"命令，或按 Ctrl+S 组合键保存文件。选择"文件 > 另存为"命令，或按 Ctrl+Shift+S 组合键来保存或更名保存文件。

（2）如果是第一次保存文件，弹出如图 1-26 所示的"保存图形"对话框。在对话框中，可以设置"文件名"、"保存类型"、"版本"等保存选项。

（3）使用标准工具栏保存文件。使用 CorelDRAW X5 标准工具栏中的"保存"按钮 来保存文件。

（4）使用菜单命令和快捷按钮关闭文件。选择"文件 > 关闭"命令，或单击绘图窗口右上方的"关闭"按钮 来关闭文件。

此时，如果文件没有保存，将弹出如图 1-27 所示的提示框，询问用户是否保存文件。如果用户单击"是"按钮，则保存文件；单击"否"按钮，则不保存文件；单击"取消"按钮，则取消保存操作。

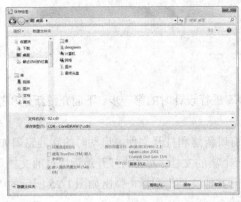

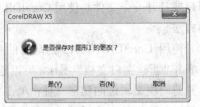

图 1-26   图 1-27

3. 导出文件

使用"导出"命令，可以将 CorelDRAW X5 中的文件导出为各种不同的文件格式，供其他应用程序使用。

（1）使用菜单命令和快捷键导出文件。选择"文件 > 导出"命令，或按 Ctrl+E 组合键，弹出"导出"对话框，如图 1-28 所示，在对话框中可以设置"文件名"、"保存类型"等选项。

（2）使用标准工具栏导出文件。使用 CorelDRAW X5 标准工具栏中的"导出"按钮 可以将文件导出。

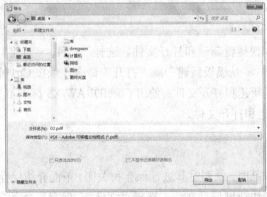

图 1-28

第2章 实物绘制

绘制效果逼真并经过艺术化处理的实物可以应用到书籍设计、杂志设计、海报设计、宣传单设计、广告设计、包装设计、网页设计等多个设计领域。本章以多个实物对象为例，讲解绘制实物的方法和技巧。

课堂学习目标

- 掌握实物的绘制思路和过程
- 掌握实物的绘制方法和技巧

2.1 绘制卡通闹钟

2.1.1 【案例分析】

卡通闹钟具有小巧纤瘦的钟身，其操作方便简捷，能为人们的日常生活带来便利，已成为人们生活中的必需品。本案例是为某钟表厂商设计制作的卡通闹钟模型，要求简洁大方，能体现出时尚的外观和便捷的性能。

2.1.2 【设计理念】

在设计制作过程中，使用简洁的背景衬托出前面的闹钟产品，易使人产生美观精致的感觉。卡通闹钟图形在展示出产品的同时，给人简洁大方、时尚便捷的印象。整体设计醒目直观，让人印象深刻。（最终效果参看光盘中的"Ch02 > 效果 > 绘制卡通闹钟"，见图2-1。）

图2-1

2.1.3 【操作步骤】

步骤 1 按Ctrl+N组合键，新建一个A4页面。单击属性栏中的"横向"按钮 ▢，页面显示为横向页面。选择"矩形"工具 ▢，绘制一个矩形，在属性栏中的设置如图2-2所示，按Enter键，效果如图2-3所示。

步骤 2 在"CMYK调色板"中的"白"色块上单击鼠标左键填充图形，在"60%黑"色块上单击鼠标右键填充图形的轮廓线，效果如图2-4所示。在属性栏中进行设置，如图2-5所示。按Enter键，效果如图2-6所示。

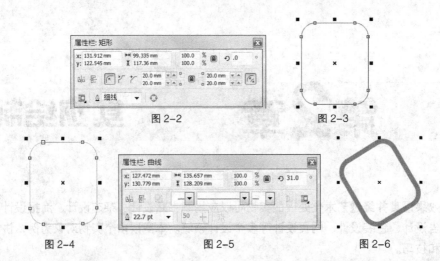

图 2-2 图 2-3

图 2-4 图 2-5 图 2-6

步骤 3 选择"矩形"工具 □ 绘制一个矩形。在属性栏中进行设置，如图 2-7 所示。按 Enter 键，效果如图 2-8 所示。

步骤 4 在"CMYK 调色板"中的"浅粉红"色块上单击鼠标左键填充图形，在"60%黑"色块上单击鼠标右键填充图形的轮廓线，效果如图 2-9 所示。

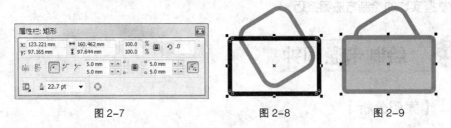

图 2-7 图 2-8 图 2-9

步骤 5 选择"矩形"工具 □ 绘制一个矩形。在属性栏中进行设置，如图 2-10 所示，按 Enter 键确定。设置图形颜色的 CMYK 值为 0、0、0、10，填充图形并去除图形的轮廓线，效果如图 2-11 所示。

步骤 6 选择"3 点椭圆形"工具 ⌒ 绘制一个椭圆形。设置图形颜色的 CMYK 值为 0、40、0、0，填充图形并去除图形的轮廓线，效果如图 2-12 所示。

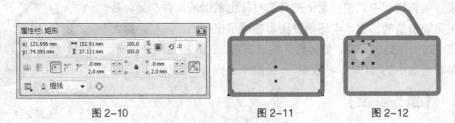

图 2-10 图 2-11 图 2-12

步骤 7 选择"椭圆形"工具 ○，按住 Ctrl 键绘制一个圆形。设置图形颜色的 CMYK 值为 0、0、0、60，填充图形并去除图形的轮廓线，效果如图 2-13 所示。

步骤 8 选择"选择"工具 ▿，按数字键盘上的+键复制图形。按住 Shift 键的同时，向内拖曳图形右上角的控制手柄到适当的位置，等比例缩小图形。设置图形颜色的 CMYK 值为 0、0、0、10，填充图形，效果如图 2-14 所示。

步骤 9 按数字键盘上的+键复制图形。按住 Shift 键的同时，向内拖曳图形右上角的控制手柄到适当的位置，等比例缩小图形。设置图形颜色的 CMYK 值为 84、57、0、0，填充图形，效果如图 2-15 所示。

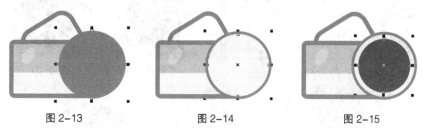

图 2-13　　　　　　　　　　图 2-14　　　　　　　　　　图 2-15

步骤 10　选择"椭圆形"工具 ，按住 Ctrl 键绘制一个圆形。设置图形颜色的 CMYK 值为 0、60、100、0，填充图形，效果如图 2-16 所示。在属性栏中的"轮廓宽度" 框中设置数值为 36，在"CMYK 调色板"中的"60%黑"色块上单击鼠标右键，填充图形的轮廓线，效果如图 2-17 所示。

步骤 11　按数字键盘上的+键复制图形。选择"选择"工具 ，选取需要的图形，按住 Ctrl 键的同时，水平向右拖曳到适当的位置，效果如图 2-18 所示。选择"选择"工具 ，按住 Shift 键的同时，将需要的图形同时选取。多次按 Ctrl+PageDown 组合键，将图形向后移动到适当的位置，效果如图 2-19 所示。

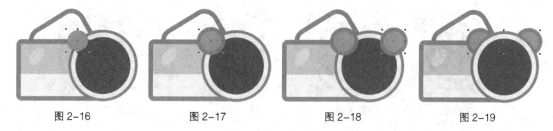

图 2-16　　　　　　　　图 2-17　　　　　　　　图 2-18　　　　　　　　图 2-19

步骤 12　选择"矩形"工具 绘制一个矩形。设置图形颜色的 CMYK 值为 0、0、0、10，填充图形。在属性栏中进行设置，如图 2-20 所示。按 Enter 键，效果如图 2-21 所示。在"CMYK 调色板"中的"60%黑"色块上单击鼠标右键，填充图形的轮廓线，效果如图 2-22 所示。多次按 Ctrl+PageDown 组合键，将图形向后移动到适当的位置，效果如图 2-23 所示。

图 2-20　　　　　　　　图 2-21　　　　　图 2-22　　　　　图 2-23

步骤 13　选择"矩形"工具 绘制一个矩形。设置图形颜色的 CMYK 值为 58、0、100、0，填充图形。在属性栏中进行设置，如图 2-24 所示。按 Enter 键，效果如图 2-25 所示。在"CMYK 调色板"中的"60%黑"色块上单击鼠标右键，填充图形的轮廓线，效果如图 2-26 所示。多次按 Ctrl+PageDown 组合键，将图形向后移动到适当的位置，效果如图 2-27 所示。

步骤 14　按数字键盘上的+键复制图形。选择"选择"工具 ，选取需要的图形，按住 Ctrl 键的同时，水平向右拖曳到适当的位置，效果如图 2-28 所示。在属性栏中的"旋转角度"框中设置数值为 302，按 Enter 键，效果如图 2-29 所示。

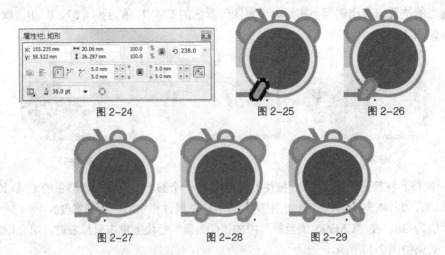

图 2-24　　　　　　图 2-25　　　　　　图 2-26

图 2-27　　　　　　图 2-28　　　　　　图 2-29

步骤 15 选择"矩形"工具 □ 绘制一个矩形。填充矩形为白色，并去除图形的轮廓线，效果如图 2-30 所示。用相同的方法再绘制一个矩形，并填充相同的颜色，效果如图 2-31 所示。

步骤 16 选择"椭圆形"工具 ○，按住 Ctrl 键绘制一个圆形。填充圆形为白色，并去除图形的轮廓线，效果如图 2-32 所示。卡通闹钟绘制完成，效果如图 2-33 所示。

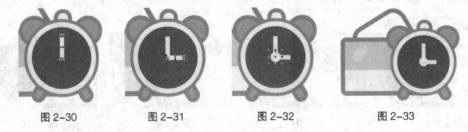

图 2-30　　　　　图 2-31　　　　　图 2-32　　　　　图 2-33

2.1.4 【相关工具】

1. 矩形工具

◎ 绘制矩形

单击工具箱中的"矩形"工具 □，在绘图页面中按住鼠标左键不放，拖曳鼠标到需要的位置，松开鼠标左键，绘制完成矩形，如图 2-34 所示。矩形的属性栏状态如图 2-35 所示。

按 Esc 键，取消矩形的编辑状态，矩形效果如图 2-36 所示。选择"选择"工具 ▯，在矩形上单击可以选择刚绘制好的矩形。

图 2-34　　　　　　　图 2-35　　　　　　　图 2-36

按 F6 键快速选择"矩形"工具 □，在绘图页面中适当的位置绘制矩形。按住 Ctrl 键的同时，可以在绘图页面中绘制正方形。按住 Shift 键的同时，在绘图页面中会以当前点为中心绘制矩形。

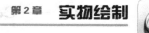

按住 Shift+Ctrl 组合键，在绘图页面中会以当前点为中心绘制正方形。

 提 示 双击工具箱中的"矩形"工具 □，可以绘制出一个和绘图页面大小一样的矩形。

◎ **绘制圆角矩形**

在绘图页面中绘制一个矩形，如图 2-37 所示。在绘制矩形的属性栏中，如果将"圆角半径"后的小锁图标 █ 选定，则改变"圆角半径"时，4 个角的边角圆滑度数值将相同。在属性栏中的"圆角半径" 选项中进行设置，如图 2-38 所示。按 Enter 键，圆角矩形效果如图 2-39 所示。

图 2-37　　　　　　　　　　图 2-38　　　　　　　　　　图 2-39

如果不选定小锁图标 █，则可以单独改变一个角的圆滑度数值。在绘制矩形的属性栏中，分别在属性栏中的"圆角半径" 选项中进行设置，如图 2-40 所示。按 Enter 键，效果如图 2-41 所示，如果要将圆角矩形还原为直角矩形，可以将边角圆滑度设定为 0。

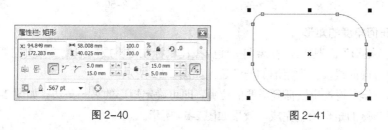

图 2-40　　　　　　　　　　　图 2-41

◎ **使用"矩形"工具绘制扇形角图形**

在绘图页面中绘制一个矩形，如图 2-42 所示。在绘制矩形的属性栏中，单击"扇形角"按钮，在"圆角半径" 框中设置值为 20，如图 2-43 所示。按 Enter 键，效果如图 2-44 所示。

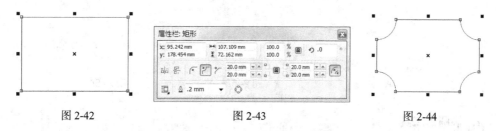

图 2-42　　　　　　　　　　图 2-43　　　　　　　　　　图 2-44

扇形角图形"圆角半径"的设置与圆角矩形相同，这里就不再赘述。

◎ **使用"矩形"工具绘制倒棱角图形**

在绘图页面中绘制一个矩形，如图 2-45 所示。在绘制矩形的属性栏中，单击"倒棱角"按钮，在"圆角半径" 框中设置值为 20，如图 2-46 所示。按 Enter 键，效果如图 2-47

所示。

倒棱角图形"圆角半径"的设置与圆角矩形相同，这里不再赘述。

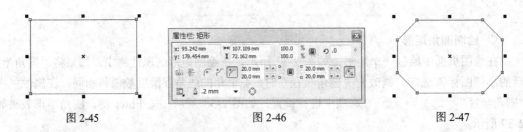

图 2-45　　　　　　　　图 2-46　　　　　　　　图 2-47

◎ 拖曳矩形的节点来绘制圆角矩形

绘制一个矩形。选择"形状"工具 ，单击矩形左上角的节点，如图 2-48 所示。按住鼠标左键拖曳节点，可以改变边角的圆角程度，如图 2-49 所示。松开鼠标左键，效果如图 2-50 所示。按 Esc 键取消矩形的编辑状态，圆角矩形的效果如图 2-51 所示。

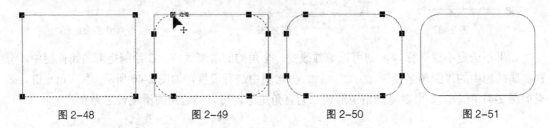

图 2-48　　　　　　图 2-49　　　　　　图 2-50　　　　　　图 2-51

◎ 绘制任何角度的矩形

选择"3 点矩形"工具 ，在绘图页面中按住鼠标左键不放，拖曳鼠标到需要的位置，可以拖出一条任意方向的线段作为矩形的一条边，如图 2-52 所示。

松开鼠标左键，再拖曳鼠标到需要的位置，即可确定矩形的另一条边，如图 2-53 所示。单击鼠标左键，有角度的矩形绘制完成，效果如图 2-54 所示。

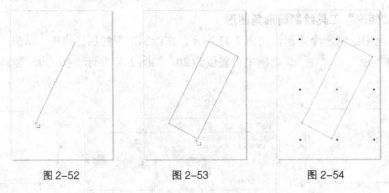

图 2-52　　　　　　　图 2-53　　　　　　　图 2-54

2. 椭圆形工具

◎ 绘制椭圆形

单击工具箱中的"椭圆形"工具 ，在绘图页面中按住鼠标左键不放，拖曳鼠标到需要的位置，松开鼠标左键，椭圆形绘制完成，如图 2-55 所示。椭圆形的属性栏如图 2-56 所示。

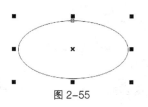

图 2-55

图 2-56

按 F7 键快速选择"椭圆形"工具 ⬭，在绘图页面中适当的位置绘制椭圆形。按住 Ctrl 键，可以在绘图页面中绘制圆形。按住 Shift 键，在绘图页面中以当前点为中心绘制椭圆形。按住 Shift+Ctrl 组合键，在绘图页面中以当前点为中心绘制圆形。

◎ **使用"椭圆形"工具 ⬭ 绘制饼形和弧形**

绘制一个椭圆形，如图 2-57 所示。单击属性栏中的"饼图"按钮 ⬭，椭圆形属性栏如图 2-58 所示，将椭圆形转换为饼图，如图 2-59 所示。

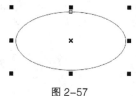

图 2-57

图 2-58

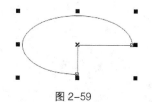

图 2-59

单击属性栏中的"弧"按钮 ⬭，椭圆形属性栏如图 2-60 所示，将椭圆形转换为弧，如图 2-61 所示。

图 2-60

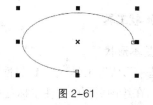

图 2-61

在"起始和结束角度" ⬭ 框中设置饼图和弧的起始角度和终止角度，按 Enter 键，可以得到饼图和弧的角度精确值，效果如图 2-62 所示。

椭圆形在选取状态下，在属性栏中单击"饼图" ⬭ 或"弧"按钮 ⬭，可以使图形在饼图和弧之间转换。单击属性栏中的按钮 ⬭，可以将饼图或弧进行 180°的镜像变换。

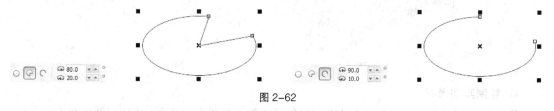

图 2-62

◎ **拖曳椭圆形的节点来绘制饼图和弧**

绘制一个椭圆形。选择"形状"工具 ⬭，单击轮廓线上的节点，如图 2-63 所示。按住鼠标左键不放向椭圆内拖曳节点，如图 2-64 所示。松开鼠标左键，效果如图 2-65 所示。按 Esc 键，取消椭圆形的编辑状态，椭圆变成饼图，效果如图 2-66 所示。向椭圆外拖曳轮廓线上的节点时，可将椭圆形变为弧。

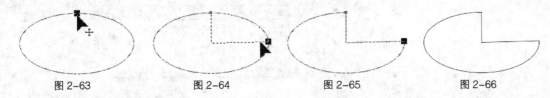

| 图 2-63 | 图 2-64 | 图 2-65 | 图 2-66 |

◎ 绘制任何角度的椭圆形

选择"3 点椭圆形"工具，在绘图页面中按住鼠标左键不放，拖曳鼠标到需要的位置，可以拖出一条任意方向的线段作为椭圆形的一个轴，如图 2-67 所示。

松开鼠标左键，再拖曳鼠标到需要的位置，即可确定椭圆形的形状，如图 2-68 所示。单击鼠标左键，有角度的椭圆形绘制完成，如图 2-69 所示。

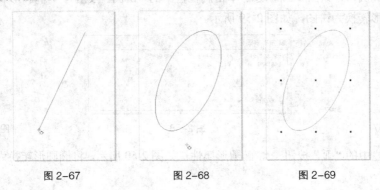

| 图 2-67 | 图 2-68 | 图 2-69 |

3. 基本形状工具

◎ 绘制基本形状

选择"基本形状"工具，在属性栏中的"完美形状"按钮下选择需要的基本图形，如图 2-70 所示。在绘图页面中按住鼠标左键不放，从左上角向右下角拖曳鼠标到需要的位置，松开鼠标左键，基本图形绘制完成，效果如图 2-71 所示。

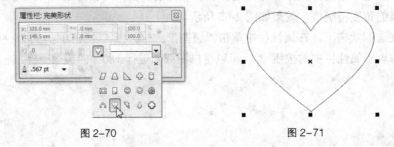

| 图 2-70 | 图 2-71 |

◎ 绘制其他形状

除了基本形状外，CorelDRAW X5 还提供了"箭头形状"工具、"流程图形状"工具、"标题形状"工具和"标注形状"工具，在其相应的属性栏中的"完美形状"按钮下可选择需要的基本图形，如图 2-72 所示，绘制的方法与绘制基本形状的方法相同。

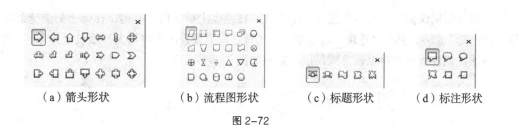

（a）箭头形状　　　　（b）流程图形状　　　（c）标题形状　　　（d）标注形状

图 2-72

◎ 调整基本形状

绘制一个基本形状，如图 2-73 所示。单击要调整的基本图形的红色菱形符号并按下鼠标左键不放，拖曳到适当的位置，如图 2-74 所示。得到需要的形状后，松开鼠标左键，效果如图 2-75 所示。

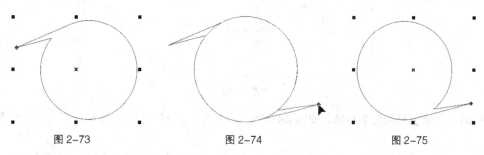

图 2-73　　　　　　　　　图 2-74　　　　　　　　图 2-75

提　示 在流程图形状中没有红色菱形符号，所以不能对它进行调整。

4. 标准填充

◎ 选取颜色

在 CorelDRAW X5 中提供了多种调色板，选择"窗口 > 调色板"命令，弹出可供选择的多种颜色板，如图 2-76 所示。CorelDRAW X5 在默认状态下使用 CMYK 的调色板。CorelDRAW X5 中的调色板一般在屏幕的右侧，使用"选择"工具 选取屏幕右侧的竖条调色板，如图 2-77 所示。用鼠标左键拖放竖条调色板到屏幕的中间，调色板效果如图 2-78 所示。

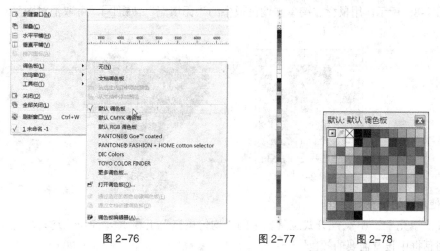

图 2-76　　　　　　　图 2-77　　　图 2-78

还可以使用快捷菜单调整色盘的显示方式。在色盘上单击鼠标右键，在弹出的快捷菜单中选择"自定义"命令，弹出"选项"对话框，在"调色板"设置区中将最大行数设置为 3，单击"确定"按钮，调色板色盘将以新方式显示，效果如图 2-79 所示。

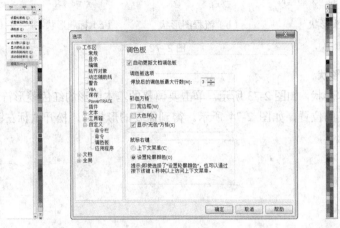

图 2-79

绘制一个要填充的图形对象，如图 2-80 所示。使用"选择"工具 ，选取图形对象，如图 2-81 所示。

在调色板中需要的颜色上单击鼠标左键，如图 2-82 所示，图形对象的内部被选取的颜色填充，如图 2-83 所示。单击调色板中的"无填充"按钮 ，可取消对图形对象内部的颜色填充。

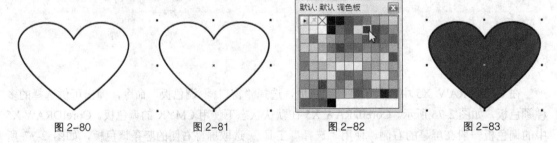

| 图 2-80 | 图 2-81 | 图 2-82 | 图 2-83 |

在调色板中需要的颜色上单击鼠标右键，如图 2-84 所示，图形对象的轮廓线被选取的颜色填充，如图 2-85 所示。用鼠标右键单击调色板中的"无填充"按钮 ，可取消对图形对象轮廓线的填充。

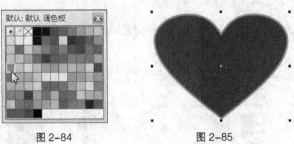

图 2-84　　　　　　　　图 2-85

◎ 使用均匀填充对话框

选择"填充"工具 ，展开式工具栏中的"均匀填充"工具 ，弹出"均匀填充"对话框，可以在对话框中设置需要的颜色。

在对话框中提供了3种设置颜色的方式，分别是模型、混和器和调色板。选择其中的任何一种方式都可以设置需要的颜色。

模型设置框如图2-86所示，在设置框中提供了完整的色谱。通过操作颜色关联控件可以更改颜色，也可以通过在颜色模式下的各参数数值框中设置数值来设定需要的颜色。在设置框中还可以选择不同的颜色模式，模型设置框默认的是CMYK模式，如图2-87所示。

图2-86

图2-87

调配好需要的颜色后，单击"确定"按钮，可以将需要的颜色填充到图形对象中。

提 示 如果有经常需要使用的颜色，调配好需要的颜色后，单击对话框中的"添加到设色板"按钮可以将颜色添加到调色板中。在下一次需要使用时就不需要再调配了，直接在调色板中调用就可以了。

◎ **使用颜色泊坞窗**

"颜色"泊坞窗是为图形对象填充颜色的辅助工具，特别适合在实际工作中应用。

选择"填充"工具 展开式工具栏下的"颜色泊坞窗"按钮，弹出"颜色"泊坞窗，如图2-88所示。

使用"贝塞尔"工具 绘制一个图形，如图2-89所示。在"颜色"泊坞窗中调配颜色，如图2-90所示。

调配好颜色后，单击"填充"按钮，如图2-91所示，颜色填充到心形的内部，效果如图2-92所示。调配好颜色后，单击"轮廓"按钮，如图2-93所示，填充颜色到心形的轮廓线，效果如图2-94所示。

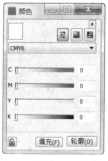

图2-88

图2-89

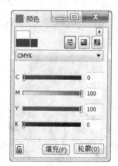

图2-90

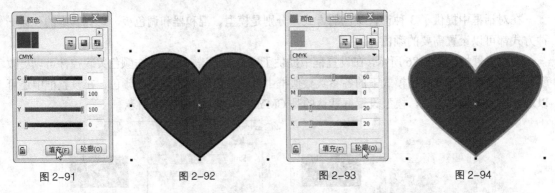

图 2-91　　　　　　图 2-92　　　　　　图 2-93　　　　　　图 2-94

在"颜色"泊坞窗的右上角有 3 个按钮 ，分别为显示颜色滑块、显示颜色查看器和显示调色板。分别单击 3 个按钮可以选择不同的调配颜色的方式，如图 2-95 所示。

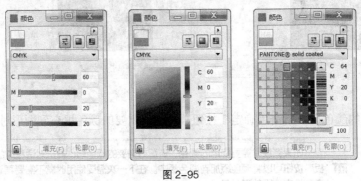

图 2-95

◎ 用颜色编辑对象技巧

使用"颜色样式"泊坞窗可以编辑图形对象的颜色，下面将介绍编辑对象颜色的具体方法和技巧。

打开一个绘制好的图形对象，如图 2-96 所示。选择"窗口 > 泊坞窗 > 颜色样式"命令，弹出"颜色样式"泊坞窗，如图 2-97 所示。在"颜色样式"泊坞窗中，单击"自动创建颜色样式"按钮 ，弹出"自动创建颜色样式"对话框，在对话框中单击"预览"按钮，显示出选定对象的颜色，如图 2-98 所示，设置好后，单击"确定"按钮。

在"颜色样式"泊坞窗中双击图形对象的文件夹 02.cdr，展开图形对象的所有颜色样式，如图 2-99 所示。

在"颜色样式"泊坞窗中单击要编辑的颜色，如图 2-100 所示。再单击"编辑颜色样式"按钮 ，弹出"编辑颜色样式"对话框，在对话框中调配好颜色，如图 2-101 所示。

图 2-96　　　　　　图 2-97　　　　　　图 2-98

图 2-99　　　　　　　　　　图 2-100　　　　　　　　　　图 2-101

在对话框中调配好颜色后，单击"确定"按钮，图形中的颜色被新调配的颜色替换，如图 2-102 所示，图形效果如图 2-103 所示。

图 2-102　　　　　　　　　　　　　图 2-103

在"颜色样式"泊坞窗中，单击选取要删除的颜色，按 Delete 键可以删除图形对象中的颜色样式。在选取的颜色样式上单击鼠标右键，可以在弹出的快捷菜单中进行删除、重命名等操作。

提　示　经过特殊效果处理后，图形对象产生的颜色不能被纳入颜色样式中，如渐变、立体化、透明和滤镜等效果。位图对象也不能进行编辑颜色样式的操作。

5. 轮廓工具

◎ 使用轮廓工具

单击"轮廓笔"工具 ，弹出"轮廓"工具的展开工具栏，拖曳展开工具栏上的两条灰色线，将轮廓展开工具栏拖放到需要的位置，效果如图 2-104 所示。

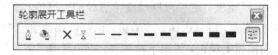

图 2-104

在"轮廓展开工具栏"中的 按钮为"轮廓画笔对话框"工具，可以编辑图形对象的轮廓线； 按钮为"轮廓颜色对话框"工具，可以编辑图形对象的轮廓线颜色； ×－－－－－－－－－■11 个按钮都是设置图形对象的轮廓宽度的，分别是无轮廓、细线轮廓、0.1mm、0.2mm、0.25mm、0.5mm、0.75mm、1mm、1.5mm、2mm、2.5mm；"彩色"工具可以对图形的轮廓线颜色进行编辑。

◎ 设置轮廓线的颜色

绘制一个图形对象，并使图形对象处于选取状态，单击"轮廓笔对话框"按钮 ◨，弹出"轮廓笔"对话框，如图 2-105 所示。

在"轮廓笔"对话框中，"颜色"选项可以设置轮廓线的颜色，在 CorelDRAW X5 的默认状态下，轮廓线被设置为黑色。在颜色列表框 ▇▾ 右侧的按钮上单击，弹出颜色下拉列表，如图 2-106 所示。

在颜色下拉列表中可以选择需要的颜色，也可以单击"其他"按钮，弹出"选择颜色"对话框，如图 2-107 所示，在对话框中可以调配需要的颜色。

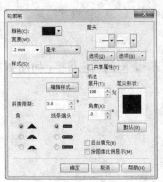

图 2-105

图 2-106

图 2-107

设置好需要的颜色后，单击"确定"按钮，可以改变轮廓线的颜色。改变轮廓线颜色的前后效果如图 2-108 所示。

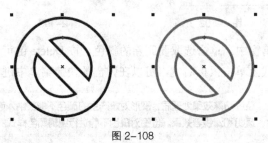

图 2-108

提 示　　图形对象在选取状态下，直接在调色板中需要的颜色上单击鼠标右键，可以快速填充轮廓线颜色。

◎ 设置轮廓线的粗细

在"轮廓笔"对话框中，"宽度"选项可以设置轮廓线的宽度值和宽度的度量单位。在黑色三角按钮 ▾ 上单击，弹出下拉列表，可以选择宽度数值，也可以在数值框中直接输入"宽度"数值，如图 2-109 所示。在右侧的按钮上单击，弹出下拉列表，可以选择"宽度"的度量单位，如图 2-110 所示。

设置好需要的宽度后，单击"确定"按钮，可以改变轮廓线的宽度。改变轮廓线宽度的前后效果如图 2-111 所示。

 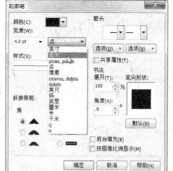 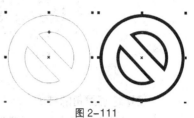

图 2-109　　　　　　　　　　图 2-110　　　　　　　　　　图 2-111

◎ **设置轮廓线的样式**

在"轮廓笔"对话框中，"样式"选项可以设置轮廓线的样式，单击右侧的按钮 ，弹出下拉列表，可以选择轮廓线的样式，如图 2-112 所示。

单击"编辑样式"按钮，弹出"编辑线条样式"对话框，如图 2-113 所示。在对话框上方的是编辑条，右下方的是编辑线条样式的预览框。

图 2-112　　　　　　　　　　　　　　　　图 2-113

在编辑条上单击或拖曳可以编辑出新的线条样式，下面的两个锁型图标 🔒🔒 分别表示起点循环位置和终点循环位置。线条样式的第一个点必须是黑色，最后一个点必须是一个空格。线条右侧的是滑动标记，是线条样式的结尾。当编辑好线条样式后，编辑线条样式的预览框将生成线条应用样式，就是将编辑好的线条样式不断地重复。拖动滑动标记，效果如图 2-114 所示。

单击编辑条上的白色方块，白色方块变为黑色，效果如图 2-115 所示。在黑色方块上单击可以将其变为白色。

编辑好需要的线条样式后，单击"添加"按钮，可以将新编辑的线条样式添加到"样式"下拉列表中。单击"替换"按钮，新编辑的线条样式将替换原来在下拉列表中选取的线条样式。

 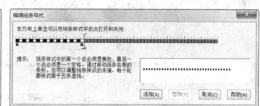

图 2-114　　　　　　　　　　　　　　　　图 2-115

编辑好需要的颜色线条样式后，单击"添加"按钮，在"样式"下拉列表中选择需要的线条样式，可以改变轮廓线的样式，效果如图 2-116 所示。

图 2-116

◎ 设置轮廓线角的样式

在"轮廓笔"对话框中，"角"设置区可以设置轮廓线角的样式，如图 2-117 所示。"角"设置区提供了 3 种拐角方式，分别是尖角、圆角和平角。

设置拐角时需将轮廓线的宽度增加，因为较细的轮廓线在设置拐角后效果不明显。3 种拐角的效果如图 2-118 所示。

图 2-117　　　　　　图 2-118

◎ 编辑线条的端头样式

在"轮廓笔"对话框中，"线条端头"设置区可以设置线条端头的样式，如图 2-119 所示。3 种样式分别是削平两端点、两端点延伸成半圆形和削平两端点并延伸。

使用"贝塞尔"工具 绘制一条直线，使用"选择"工具 选取直线，在属性栏中的"轮廓宽度" 框中将直线的宽度设置得宽一些，直线的效果如图 2-120 所示。分别选择 3 种端头样式，单击"确定"按钮，3 种端头样式效果如图 2-121 所示。

图 2-119　　　　　　图 2-120　　　　　　图 2-121

在"轮廓笔"对话框中，"箭头"设置区可以设置线条两端的箭头样式，如图 2-122 所示。"箭头"设置区中提供了两个样式框，左侧的样式框 用来设置箭头样式，单击样式框右侧的按钮 ，弹出"箭头样式"列表，如图 2-123 所示。右侧的样式框 用来设置箭尾样式，单击样式框右侧的按钮 ，弹出"箭尾样式"列表，如图 2-124 所示。

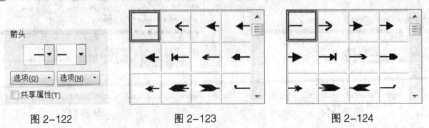

图 2-122　　　　　　图 2-123　　　　　　图 2-124

在"箭头样式"列表和"箭尾样式"列表中需要的箭头样式上单击鼠标左键，可以选择需要的箭头样式。选择好箭头样式后，单击"选项"按钮，弹出如图 2-125 所示的下拉菜单。

选择"无"选项，将不设置箭头的样式。选择"对换"选项，可将箭头和箭尾样式对换。

选择"新建"命令，弹出"箭头属性"对话框，如图 2-126 所示。编辑好箭头样式后单击"确定"按钮，就可以将一个新的箭头样式添加到"箭头样式"列表中。

选择"编辑"命令，弹出"箭头属性"对话框。在对话框中可以对原来选择的箭头样式进行编辑，编辑好后，单击"确定"按钮，新编辑的箭头样式会覆盖原来选取的"箭头样式"列表中的箭头样式。

使用"贝塞尔"工具 绘制一条曲线，使用"选择"工具 选取曲线，在属性栏中的"轮廓宽度" 框中将曲线的宽度设置得宽一些，如图 2-127 所示。分别在"箭头样式"列表和"箭尾样式"列表中选择需要的样式，单击"确定"按钮，效果如图 2-128 所示。

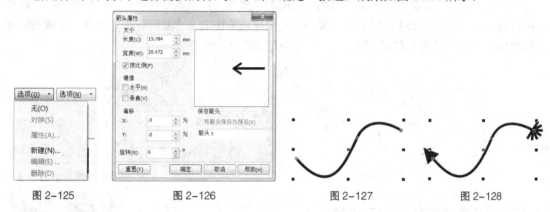

图 2-125　　　　　图 2-126　　　　　　图 2-127　　　　　　图 2-128

在"轮廓笔"对话框中，"书法"设置区如图 2-129 所示。在"书法"设置区的"笔尖形状"预览框中，拖曳鼠标指针，可以直接设置笔尖的展开和角度，通过在"展开"和"角度"选项中输入数值也可以设置笔尖的效果。

选择刚编辑好的线条效果，如图 2-130 所示。在"书法"设置区中设置笔尖的展开和角度，设置好后，单击"确定"按钮，线条的书法效果如图 2-131 所示。

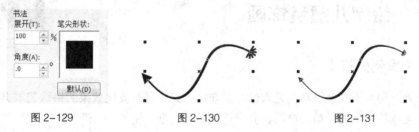

图 2-129　　　　　　图 2-130　　　　　　图 2-131

在"轮廓笔"对话框中，选择"后台填充"复选框，会将图形对象的轮廓置于图形对象的填充之后。图形对象的填充会遮挡图形对象的轮廓颜色，用户只能观察到轮廓的一段宽度的颜色。

选择"按图像比例显示"复选框，在缩放图形对象时，图形对象的轮廓线会根据图形对象的大小而改变，使图形对象的整体效果保持不变。如果不选择"按图像比例显示"复选框，在缩放图形对象时，图形对象的轮廓线不会根据图形对象的大小而改变，轮廓线和填充不能保持原图形对象的效果，图形对象的整体效果就会被破坏。

◎ **复制轮廓属性**

当设置好一个图形对象的轮廓属性后，可以将它的轮廓属性复制给其他的图形对象。下面介绍具体的操作方法和技巧。

绘制两个图形对象，效果如图 2-132 所示。设置左侧图形对象的轮廓属性，效果如图 2-133 所示。

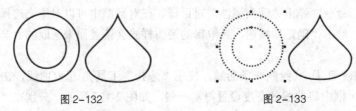

图 2-132　　　　　　　　　　　　　　　图 2-133

用鼠标右键将左侧的图形对象拖放到右侧的图形对象上，当鼠标指针变为靶形图标后，松开鼠标右键，弹出如图 2-134 所示的快捷菜单，在快捷菜单中选择"复制轮廓"命令，左侧图形对象的轮廓属性就复制到了右侧的图形对象上，效果如图 2-135 所示。

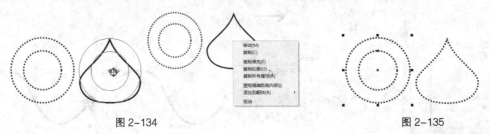

图 2-134　　　　　　　　　　　　　　　图 2-135

2.1.5　【实战演练】绘制汉堡王

使用椭圆形工具、多边形工具和对齐与分布命令绘制汉堡；使用椭圆形工具绘制装饰图形。（最终效果参看光盘中的"Ch02 > 效果 > 绘制汉堡王"，见图 2-136。）

图 2-136

2.2　绘制儿童装饰画

2.2.1　【案例分析】

装饰画是一种并不强调很高的艺术性，但非常讲究协调和美化效果的特殊艺术类型作品。本例是为某儿童读物绘制的一幅装饰画，要求设计简洁大方、精致形象，充满童趣。

2.2.2　【设计理念】

在设计制作过程中，使用太阳、月亮、星星配以红、黄、蓝三色作为主要图案，使装饰画散发出童真、活泼的气息。整体造型设计形象生动，色彩柔和丰富，富有创新，符合儿童的抽象思维及审美特征，达到了装饰的效果。（最终效果参看光盘中的"Ch02 > 效果 > 绘制儿童装饰画"，见图 2-137。）

图 2-137

2.2.3 【操作步骤】

步骤 1 按 Ctrl+N 组合键，新建一个 A4 页面。选择"矩形"工具 □，按住 Ctrl 键的同时，在页面中适当的位置拖曳鼠标绘制一个正方形，如图 2-138 所示。设置图形颜色的 CMYK 值为 0、10、30、0，填充图形，效果如图 2-139 所示。

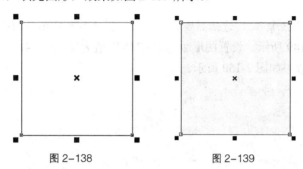

图 2-138　　　　　　　　图 2-139

步骤 2 按 F12 键，弹出"轮廓笔"对话框，在"颜色"选项中设置轮廓线颜色的 CMYK 值为 0、20、40、60，其他选项的设置如图 2-140 所示。单击"确定"按钮，效果如图 2-141 所示。

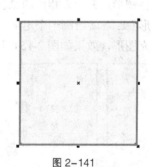

图 2-140　　　　　　　　图 2-141

步骤 3 选择"椭圆形"工具 ○，在页面中适当的位置绘制多个椭圆形，如图 2-142 所示。选择"选择"工具 ▸，用圈选的方法选取需要的图形，如图 2-143 所示。单击属性栏中的"合并"按钮 □ 合并图形，填充图形为白色，并去除图形的轮廓线，效果如图 2-144 所示。

步骤 4 选择"选择"工具 ▸，按数字键盘上的+键复制图形，并调整其位置和大小，效果如图 2-145 所示。

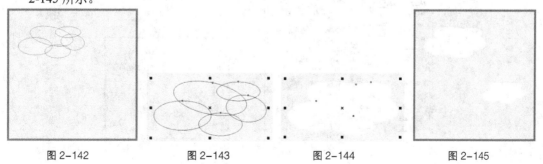

图 2-142　　　　　图 2-143　　　　　图 2-144　　　　　图 2-145

步骤 5 选择"复杂星形"工具 ✿，在属性栏中进行设置，如图 2-146 所示。在页面空白处绘制一个星形，效果如图 2-147 所示。

图 2-146 图 2-147

步骤 **6** 选择"形状"工具，选择需要的节点，如图 2-148 所示。向内拖曳节点到适当的位置，效果如图 2-149 所示。设置图形颜色的 CMYK 值为 4、15、42、0，填充图形，并去除图形的轮廓线，效果如图 2-150 所示。

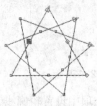

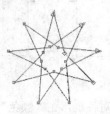

图 2-148 图 2-149 图 2-150

步骤 **7** 选择"选择"工具，拖曳星形到页面中适当的位置，效果如图 2-151 所示。用相同的方法制作其他图形，并填充相同的颜色，效果如图 2-152 所示。

步骤 **8** 选择"矩形"工具绘制一个矩形，如图 2-153 所示。设置图形颜色的 CMYK 值为 45、0、70、0，填充图形，效果如图 2-154 所示。

图 2-151 图 2-152 图 2-153 图 2-154

步骤 **9** 按 F12 键，弹出"轮廓笔"对话框，在"颜色"选项中设置轮廓线颜色的 CMYK 值为 100、0、100、0，其他选项的设置如图 2-155 所示。单击"确定"按钮，效果如图 2-156 所示。

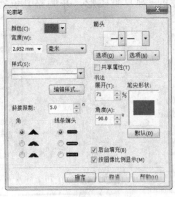

图 2-155 图 2-156

步骤 **10** 单击属性栏中的"圆角"按钮，在"圆角半径"框中设置数值为

35mm，如图 2-157 所示。按 Enter 键，效果如图 2-158 所示。

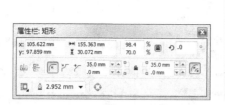 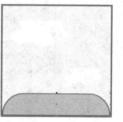

图 2-157　　　　　　　　　　　　　　　图 2-158

步骤 11 选择"2 点线"工具 绘制一条直线，如图 2-159 所示。按 F12 键，弹出"轮廓笔"对话框，在"颜色"选项中设置轮廓线颜色的 CMYK 值为 100、0、100、0，其他选项的设置如图 2-160 所示。单击"确定"按钮，效果如图 2-161 所示。用相同的方法绘制其他直线，并填充相同的颜色，效果如图 2-162 所示。

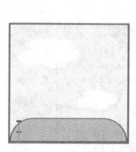 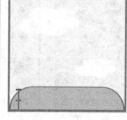 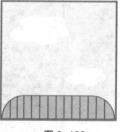

图 2-159　　　　　图 2-160　　　　　图 2-161　　　　　图 2-162

步骤 12 选择"2 点线"工具 绘制一条直线。按 F12 键，弹出"轮廓笔"对话框，在"颜色"选项中设置轮廓线颜色的 CMYK 值为 0、60、100、0，其他选项的设置如图 2-163 所示。单击"确定"按钮，效果如图 2-164 所示。用相同的方法绘制其他直线，效果如图 2-165 所示。

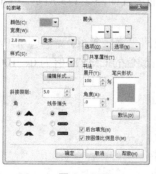 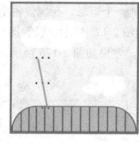 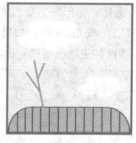

图 2-163　　　　　　　图 2-164　　　　　　　图 2-165

步骤 13 选择"星形"工具 绘制一个星形。设置图形颜色的 CMYK 值为 0、20、100、0，填充星形。在属性栏中的"旋转角度" 框中设置数值为 341，按 Enter 键，效果如图 2-166 所示。按 F12 键，弹出"轮廓笔"对话框，在"颜色"选项中设置轮廓线颜色的 CMYK 值为 0、60、100、0，其他选项的设置如图 2-167 所示。单击"确定"按钮，效果如图 2-168 所示。用相同的方法绘制其他图形，效果如图 2-169 所示。

中等职业教育数字艺术类规划教材

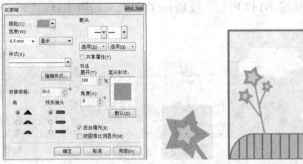

图 2-166　　　　图 2-167　　　　图 2-168　　　　图 2-169

步骤 14　选择"2 点线"工具绘制一条直线。按 F12 键，弹出"轮廓笔"对话框，在"颜色"选项中设置轮廓线颜色的 CMYK 值为 0、100、60、0，其他选项的设置如图 2-170 所示。单击"确定"按钮，效果如图 2-171 所示。用相同的方法绘制其他直线，并填充相同的颜色，效果如图 2-172 所示。

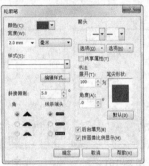

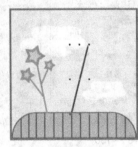

图 2-170　　　　图 2-171　　　　图 2-172

步骤 15　选择"椭圆形"工具，按住 Ctrl 键的同时绘制一个圆形。设置图形颜色的 CMYK 值为 0、40、20、0，填充图形。按 F12 键，弹出"轮廓笔"对话框，在"颜色"选项中设置轮廓线颜色的 CMYK 值为 0、100、60、0，其他选项的设置如图 2-173 所示。单击"确定"按钮，效果如图 2-174 所示。

步骤 16　选择"矩形"工具绘制一个矩形。在属性栏中的"旋转角度"框中设置数值为 103.5，按 Enter 键，效果如图 2-175 所示。设置图形颜色的 CMYK 值为 0、100、60、0，填充图形并去除图形的轮廓线，效果如图 2-176 所示。

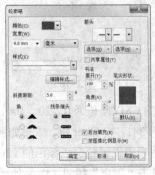

图 2-173　　　　图 2-174　　　　图 2-175　　　　图 2-176

步骤 17　再次单击图形，使其处于旋转状态，选择"选择"工具，按数字键盘上的+键复制一个图形。将旋转中心拖曳到适当的位置，拖曳右下角的控制手柄将图形旋转到需要的角度，如图 2-177 所示。按住 Ctrl 键的同时，再连续点按 D 键，绘制出多个图形，效果如图 2-178 所示。用相同的方法绘制其他图形，并填充相同的颜色，效果如图 2-179 所示。

图 2-177　　　　　　图 2-178　　　　　　图 2-179

步骤 18　选择"2 点线"工具 绘制一条直线。按 F12 键，弹出"轮廓笔"对话框，在"颜色"选项中设置轮廓线颜色的 CMYK 值为 76、26、27、0，其他选项的设置如图 2-180 所示。单击"确定"按钮，效果如图 2-181 所示。用相同的方法绘制其他直线，并填充相同的颜色，效果如图 2-182 所示。

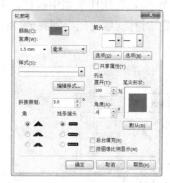

图 2-180　　　　　　图 2-181　　　　　　图 2-182

步骤 19　选择"椭圆形"工具 ，按住 Ctrl 键的同时，绘制两个圆形，如图 2-183 所示。选择"选择"工具 ，用圈选的方法将圆形同时选取。单击属性栏中的"移除前面对象"按钮 ，将图形剪切为一个图形，效果如图 2-184 所示。设置图形颜色的 CMYK 值为 56、0、15、0，填充图形，效果如图 2-185 所示。

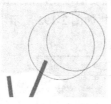

图 2-183　　　　　　图 2-184　　　　　　图 2-185

步骤 20　按 F12 键，弹出"轮廓笔"对话框，在"颜色"选项中设置轮廓线颜色的 CMYK 值为 76、26、27、0，其他选项的设置如图 2-186 所示。单击"确定"按钮，效果如图 2-187 所示。用相同的方法绘制其他图形，并填充相同的颜色，效果如图 2-188 所示。儿童装饰画绘制完成。

中等职业教育数字艺术类规划教材

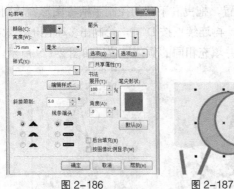

图 2-186　　　　　图 2-187　　　　　图 2-188

2.2.4 【相关工具】

1. 螺纹工具

◎ 绘制对称式螺旋线

选择"多边形"工具 ，展开式工具栏中的"螺纹"工具 ，在绘图页面中按住鼠标左键不放，从左上角向右下角拖曳鼠标到需要的位置，松开鼠标左键，对称式螺旋线绘制完成，如图 2-189 所示。"图纸和螺旋工具"属性栏如图 2-190 所示。

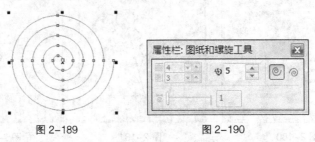

图 2-189　　　　　　　　　　图 2-190

如果从右下角向左上角拖曳鼠标到需要的位置，可以绘制出反向的对称式螺旋线。在"螺纹回圈" 框中可以重新设定螺旋线的圈数，绘制需要的螺旋线效果。

◎ 绘制对数式螺旋线

选择"螺纹"工具 ，在"图纸和螺旋工具"属性栏中单击"对数式螺纹"按钮 ，在绘图页面中按住鼠标左键不放，从左上角向右下角拖曳鼠标到需要的位置，松开鼠标左键，对数式螺旋线绘制完成，如图 2-191 所示。"图纸和螺旋工具"属性栏如图 2-192 所示。

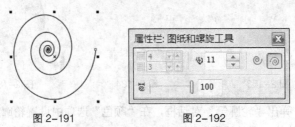

图 2-191　　　　　　　　　　图 2-192

在 框中可以重新设定螺旋线的扩展参数，将数值分别设置为 80 和 20 时，"螺旋线"向外扩展的幅度会逐渐变小，如图 2-193 所示。当数值为 1 时，将绘制出对称式螺旋线。

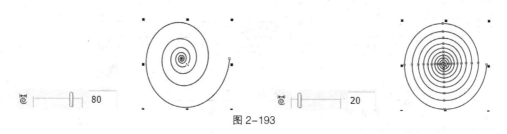

图 2-193

按 A 键，选择"螺纹"工具 ，在绘图页面中适当的位置绘制螺旋线。按住 Ctrl 键的同时，可以在绘图页面中绘制正圆螺旋线。按住 Shift 键，在绘图页面中会以当前点为中心绘制螺旋线。同时按下 Shift+Ctrl 组合键，在绘图页面中会以当前点为中心绘制正圆螺旋线。

2. 多边形工具

◎ 绘制多边形工具

选择"多边形"工具 ，在绘图页面中按住鼠标左键不放，拖曳鼠标到需要的位置，松开鼠标左键，对称多边形绘制完成，如图 2-194 所示。"多边形"属性栏如图 2-195 所示。

设置"多边形"属性栏中的"点数或边数" 数值为 9，如图 2-196 所示，按 Enter 键，多边形效果如图 2-197 所示。

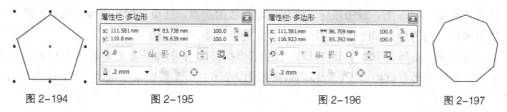

图 2-194   图 2-195   图 2-196   图 2-197

◎ 绘制星形

选择"多边形"工具 展开工具栏中的"星形"工具 ，在绘图页面中按住鼠标左键不放，拖曳鼠标到需要的位置，松开鼠标左键，星形绘制完成，如图 2-198 所示。星形属性栏如图 2-199 所示。

设置星形属性栏中的"点数或边数" 数值为 8，按 Enter 键，多边形效果如图 2-200 所示。

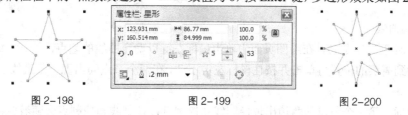

图 2-198   图 2-199   图 2-200

◎ 绘制复杂星形

选择"多边形"工具 展开式工具栏中的"复杂星形"工具 ，在绘图页面中按住鼠标左键不放，拖曳鼠标到需要的位置，松开鼠标左键，星形绘制完成，如图 2-201 所示。其属性栏如图 2-202 所示。设置"复杂星形"属性栏中的"点数或边数" 数值为 12，"锐度" 数值为 4，如图 2-203 所示。按 Enter 键，多边形效果如图 2-204 所示。

图 2-201

图 2-202

图 2-203

图 2-204

3. 钢笔工具

"钢笔"工具可以绘制出多种精美的曲线和图形，还可以对已绘制的曲线和图形进行编辑和修改。在 CorelDRAW X5 中绘制的各种复杂图形都可以通过钢笔工具来完成。

◎ 绘制直线和折线

选择"钢笔"工具 ，单击鼠标左键以确定直线的起点，拖曳鼠标到需要的位置，再单击鼠标左键以确定直线的终点，绘制出一段直线，效果如图 2-205 所示。

只要再继续单击确定下一个节点，就可以绘制出折线的效果，如果想绘制出多个折角的折线，只要继续单击确定节点就可以了，折线的效果如图 2-206 所示。要结束绘制，按 Esc 键或单击"钢笔"工具 即可。

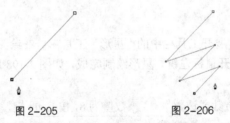

图 2-205   图 2-206

◎ 绘制曲线

选择"钢笔"工具 ，在绘图页面中单击鼠标左键以确定曲线的起点，松开鼠标左键，将鼠标指针移动到需要的位置再单击并按住鼠标左键不动，在两个节点间出现一条直线段，如图 2-207 所示。

拖曳鼠标，第 2 个节点的两边出现控制线和控制点，控制线和控制点会随着鼠标的移动而发生变化，直线段变为曲线的形状，如图 2-208 所示。调整到需要的效果后松开鼠标左键，曲线的效果如图 2-209 所示。

图 2-207   图 2-208   图 2-209

使用相同的方法可以对曲线继续绘制，效果如图 2-210、图 2-211 所示。绘制完成的曲线效果如图 2-212 所示。

图 2-210   图 2-211   图 2-212

如果想在曲线后绘制出直线，按住 C 键，在要继续绘制出直线的节点上按下鼠标左键并拖曳鼠标，这时出现节点的控制点。松开 C 键，将控制点拖动到下一个节点的位置，如图 2-213 所示。松开鼠标左键，再单击鼠标左键，可以绘制出一段直线，效果如图 2-214 所示。

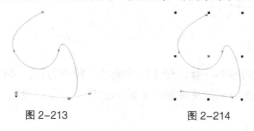

图 2-213   图 2-214

◎ 编辑曲线

在"钢笔"工具属性栏中单击"自动添加/删除"按钮 ，曲线绘制的过程变为自动添加/删除节点模式。

将"钢笔"工具的鼠标移动到节点上，鼠标变为删除节点图标 ，如图 2-215 所示。单击可以删除节点，效果如图 2-216 所示。

将"钢笔"工具的鼠标移动到曲线上，鼠标变为添加节点图标 ，如图 2-217 所示。单击可以添加节点，效果如图 2-218 所示。

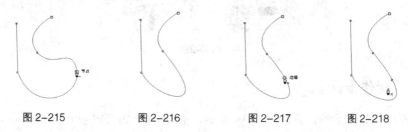

图 2-215   图 2-216   图 2-217   图 2-218

将"钢笔"工具的鼠标移动到曲线的起始点，鼠标指针变为闭合曲线图标 ，如图 2-219 所示。单击可以闭合曲线，效果如图 2-220 所示。

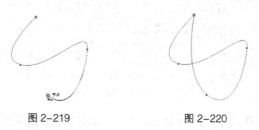

图 2-219   图 2-220

提 示 绘制曲线的过程中，按住 Alt 键可编辑曲线段，可以进行节点的转换、移动和调整等操作，松开 Alt 键可继续进行绘制。

2.2.5 【实战演练】绘制卡通图标

使用星形工具、椭圆形工具和 3 点矩形工具绘制卡通图标；使用多变性工具、螺纹工具制作图标背景。（最终效果参看光盘中的"Ch02 > 效果 > 绘制卡通图标"，见图 2-221。）

图 2-221

2.3 绘制校车图标

2.3.1 【案例分析】

图标是具有指代意义的图形符号，要求构图简洁、概括力强，并能够迅速传达信息，便于记忆。本案例是为某汽车厂商绘制简易图标，要求形式简洁形象、识别性强。

2.3.2 【设计理念】

在设计制作过程中，使用黄色作为主色调，增强视觉冲击力，直观醒目。通过对汽车外形简洁的设计，体现出生动形象、辨识度强的特点。（最终效果参看光盘中的"Ch02 > 效果 > 绘制校车图标"，见图 2-222。）

图 2-222

2.3.3 【操作步骤】

步骤 1 按 Ctrl+N 组合键，新建一个 A4 页面。单击属性栏中的"横向"按钮 ⬚，页面显示为横向页面。选择"矩形"工具 ⬚ 绘制一个矩形，如图 2-223 所示。在属性栏中进行设置，如图 2-224 所示。按 Enter 键，效果如图 2-225 所示。

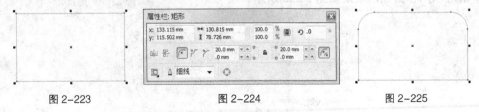

图 2-223   图 2-224   图 2-225

步骤 2 选择"矩形"工具 ⬚ 绘制一个矩形，如图 2-226 所示。在属性栏中进行设置，如图 2-227 所示。按 Enter 键，效果如图 2-228 所示。

图 2-226　　　　　　　　　图 2-227　　　　　　　　　图 2-228

步骤 3　选择"选择"工具 ↳，用圈选的方法图形同时选取，如图 2-229 所示。单击属性栏中的"合并"按钮 ⬚ 合并为一个图形，设置图形颜色的 CMYK 值为 0、30、100、0，填充图形并去除图形的轮廓线，效果如图 2-230 所示。

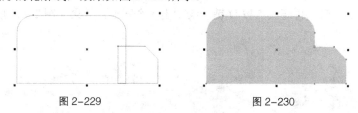

图 2-229　　　　　　　　　　　　图 2-230

步骤 4　选择"矩形"工具 □ 绘制一个矩形，在属性栏中进行设置，如图 2-231 所示。按 Enter 键，效果如图 2-232 所示。

步骤 5　选择"选择"工具 ↳，按数字键盘上的+键复制图形。按住 Ctrl 键的同时向右拖矩形图形到适当的位置，如图 2-233 所示。按住 Ctrl 键的同时，再连续点按 D 键，绘制出多个图形，效果如图 2-234 所示。

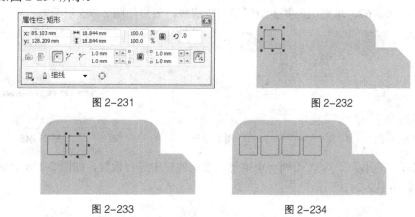

图 2-231　　　　　　　　　　　　图 2-232

图 2-233　　　　　　　　　　　　图 2-234

步骤 6　选择"选择"工具 ↳，用圈选的方法将矩形图形同时选取，如图 2-235 所示。按 Ctrl+G 组合键将其群组。按住 Shift 键的同时选取车身图形，如图 2-236 所示。单击属性栏中的"移除前面对象"按钮 ⬚，将图形修剪为一个图形，效果如图 2-237 所示。

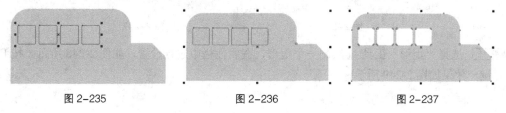

图 2-235　　　　　　　　图 2-236　　　　　　　　图 2-237

步骤 7　选择"矩形"工具 □ 绘制一个矩形，在属性栏中进行设置，如图 2-238 所示。按 Enter 键，效果如图 2-239 所示。

图 2-238

图 2-239

步骤 8 选择"矩形"工具 □ 绘制一个矩形，如图 2-240 所示。选择"选择"工具 ▶，按数字键盘上的+键复制图形。按住 Ctrl 键的同时向右拖曳矩形到适当的位置，如图 2-241 所示。按住 Ctrl 键的同时，再连续点按 D 键，绘制出多个图形，效果如图 2-242 所示。

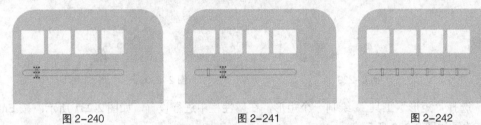

图 2-240　　　　　　　　图 2-241　　　　　　　　图 2-242

步骤 9 选择"选择"工具 ▶，用圈选的方法将矩形图形同时选取，如图 2-243 所示。按 Ctrl+G 组合键将其群组。按住 Shift 键的同时，选取圆角矩形图形。单击属性栏中的"移除前面对象"按钮 □，将图形修剪为一个图形，效果如图 2-244 所示。设置图形颜色的 CMYK 值为 73、84、100、67，填充图形并去除图形的轮廓线，效果如图 2-245 所示。

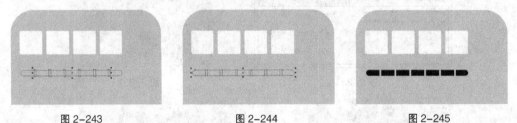

图 2-243　　　　　　　　图 2-244　　　　　　　　图 2-245

步骤 10 选择"矩形"工具 □ 绘制一个矩形，在属性栏中进行设置，如图 2-246 所示。按 Enter 键，效果如图 2-247 所示。

图 2-246　　　　　　　　　图 2-247

步骤 11 选择"矩形"工具 □ 绘制一个矩形，在属性栏中进行设置，如图 2-248 所示。按 Enter 键，效果如图 2-249 所示。

图 2-248

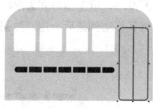

图 2-249

步骤 12 选择"选择"工具 ，用圈选的方法将矩形图形同时选取，如图 2-250 所示。按 F12 键，弹出"轮廓笔"对话框，在"颜色"选项中设置轮廓线颜色的 CMYK 值为 0、20、20、80，其他选项的设置如图 2-251 所示。单击"确定"按钮，效果如图 2-252 所示。

图 2-250

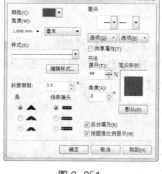

图 2-251

图 2-252

步骤 13 选择"矩形"工具 绘制一个矩形，在属性栏中进行设置，如图 2-253 所示。按 Enter 键，效果如图 2-254 所示。选择"选择"工具 ，按数字键盘上的+键复制图形，按住 Ctrl 键的同时水平向右拖曳到适当的位置，效果如图 2-255 所示。用相同的方法绘制其他图形，效果如图 2-256 所示。

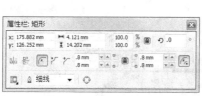

图 2-253

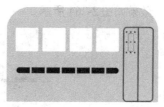

图 2-254

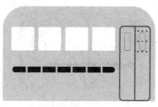

图 2-255

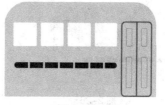

图 2-256

步骤 14 选择"选择"工具 ，用圈选的方法将矩形图形同时选取，如图 2-257 所示。按 Ctrl+G 组合键将其群组。按住 Shift 键的同时选取车身图形，如图 2-258 所示。单击属性栏中的"移除前面对象"按钮 ，将图形修剪为一个图形，效果如图 2-259 所示。

中等职业教育数字艺术类规划教材

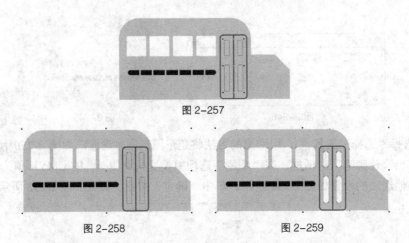

图 2-257

图 2-258 图 2-259

步骤 15 选择"贝塞尔"工具 ，在适当的位置绘制一个图形。设置填充色的 CMYK 值为 40、0、0、0，填充图形并去除图形的轮廓线，效果如图 2-260 所示。按 Shift+PageDown 组合键，将其移动到最后一层，效果如图 2-261 所示。

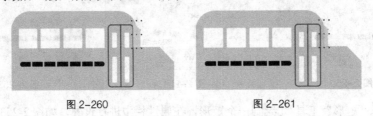

图 2-260 图 2-261

步骤 16 选择"椭圆形"工具 ，在适当的位置绘制一个椭圆形。设置图形颜色的 CMYK 值为 40、0、0、0，填充图形并去除图形的轮廓线，效果如图 2-262 所示。按 Shift+PageDown 组合键，将其移动到最后一层，效果如图 2-263 所示。用相同的方法绘制其他图形，并填充相同的颜色，效果如图 2-264 所示。

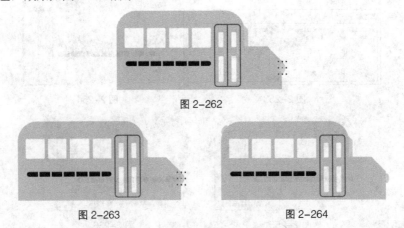

图 2-262

图 2-263 图 2-264

步骤 17 选择"椭圆形"工具 ，按住 Ctrl 键的同时绘制一个圆形，如图 2-265 所示。选择"选择"工具 ，单击数字键盘上的+键复制圆形，按住 Ctrl 键的同时水平向右拖曳到适当的位置，如图 2-266 所示。

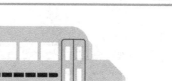

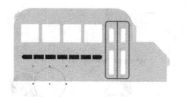 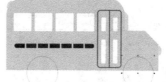

图 2-265　　　　　　　　　图 2-266

步骤 18 选择"选择"工具 ，用圈选的方法将圆形同时选取，按 Ctrl+G 组合键将其群组。按住 Shift 键的同时选取车身图形，如图 2-267 所示。单击属性栏中的"移除前面对象"按钮 ，将图形修剪为一个图形，效果如图 2-268 所示。

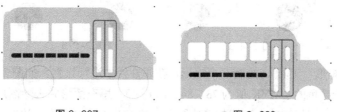

图 2-267　　　　　　　　　图 2-268

步骤 19 选择"椭圆形"工具 ，按住 Ctrl 键的同时绘制一个圆形。设置图形颜色的 CMYK 值为 73、84、100、67，填充图形并去除图形的轮廓线，效果如图 2-269 所示。用相同的方法绘制其他圆形，并分别填充适当的颜色，效果如图 2-270 所示。

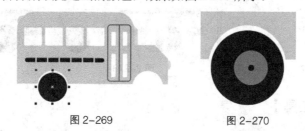

图 2-269　　　　　　　　　图 2-270

步骤 20 选择"贝塞尔"工具 ，在适当的位置绘制一个图形。设置填充色的 CMYK 值为 0、30、100、15，填充图形并去除图形的轮廓线，效果如图 2-271 所示。用相同的方法绘制其他车轮图形，效果如图 2-272 所示。

图 2-271　　　　　　　　　图 2-272

步骤 21 选择"矩形"工具 绘制一个矩形，在属性栏中进行设置，如图 2-273 所示。按 Enter 键，效果如图 2-274 所示。设置图形颜色的 CMYK 值为 73、84、100、67，填充图形并去除图形的轮廓线，效果如图 2-275 所示。按 Shift+PageDown 组合键，将其移动到最后一层，效果如图 2-276 所示。

41

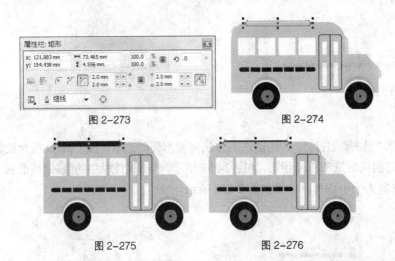

图 2-273   图 2-274

图 2-275   图 2-276

步骤 22 选择"矩形"工具 □ 绘制一个矩形，在属性栏中进行设置，如图 2-277 所示，按 Enter 键。设置图形颜色的 CMYK 值为 73、84、100、67，填充图形并去除图形的轮廓线，效果如图 2-278 所示。用相同的方法绘制其他图形，并填充相同的颜色，效果如图 2-279 所示。校车图标绘制完成。

图 2-277   图 2-278   图 2-279

2.3.4 【相关工具】

◎ 合并

合并会将几个图形结合成一个图形，新的图形轮廓由被合并的图形边界组成，被合并图形的交叉线都将消失。

绘制要合并的图形，效果如图 2-280 所示。使用"选择"工具 ▷ 选中要合并的图形，如图 2-281 所示。

图 2-280   图 2-281

选择"窗口 > 泊坞窗 > 造形"命令，或选择"排列 > 造形 > 焊接"命令，都可以弹出如图 2-282 所示的"造形"泊坞窗。在"造形"泊坞窗中选择"焊接"选项，再单击"焊接到"按钮，将鼠标指针放到目标对象上并单击鼠标左键，如图 2-283 所示。焊接后的效果如图 2-284 所示，新生成的图形对象的边框和颜色填充与目标对象完全相同。

图 2-282 图 2-283 图 2-284

在进行焊接操作之前可以在"造形"泊坞窗中设置是否保留"来源对象"和"目标对象"。勾选保留"来源对象"和"目标对象"选框，如图 2-285 所示。再焊接图形对象，来源对象和目标对象都被保留，如图 2-286 所示。保留来源对象和目标对象对"修剪"和"相交"功能也适用。

图 2-285 图 2-286

选择几个要合并的图形后，选择"排列 > 造形 > 焊接"命令，或单击属性栏中的"合并"按钮 ，都可以完成多个对象的合并。合并前圈选多个图形时，在最底层的图形就是"目标对象"。按住 Shift 键的同时选择多个图形时，最后选中的图形就是"目标对象"。

◎ **修剪**

修剪会将目标对象与来源对象的相交部分裁掉，使目标对象的形状被更改。修剪后的目标对象保留其填充和轮廓属性。

绘制两个相交的图形，如图 2-287 所示。使用"选择"工具 选择其中的来源对象，如图 2-288 所示。

图 2-287 图 2-288

选择"窗口 > 泊坞窗 > 造形"命令，弹出如图 2 289 所示的"造形"泊坞窗。在"造形"泊坞窗中选择"修剪"选项，单击"修剪"按钮，将鼠标指针放到目标对象上并单击鼠标左键，

中
等
职
业
教
育
数
字
艺
术
类
规
划
教
材

如图 2-290 所示，修剪后的效果如图 2-291 所示，修剪后的目标对象会保留其填充和轮廓属性。

图 2-289

图 2-290

图 2-291

选择"排列 > 造形 > 修剪"命令，或单击属性栏中的"修剪"按钮 🔲，也可以完成修剪，来源对象和被修剪的目标对象会同时存在于绘图页面中。

提 示 圈选多个图形时，在最底层的图形对象就是目标对象。按住 Shift 键选择多个图形时，最后选中的图形就是目标对象。

◎ 相交

相交会将两个或两个以上对象的相交部分保留，使相交的部分成为一个新的图形对象。新创建图形对象的填充和轮廓属性将与目标对象相同。

绘制两个相交的图形，如图 2-292 所示。使用"选择"工具 ✎ 选择其中的来源对象，如图 2-293 所示。

图 2-292

图 2-293

选择"窗口 > 泊坞窗 > 造形"命令，弹出如图 2-294 所示的"造形"泊坞窗。在"造形"泊坞窗中选择"相交"选项，单击"相交"按钮，将鼠标指针放到目标对象上并单击鼠标左键，如图 2-295 所示，相交后的效果如图 2-296 所示，相交后图形对象将保留目标对象的填充和轮廓属性。

图 2-294

图 2-295

图 2-296

选择"排列 >造形> 相交"命令，或单击属性栏中的"相交"按钮，也可以完成相交裁切。来源对象和目标对象以及相交后的新图形对象会同时存在于绘图页面中。

◎ 简化

简化会减去后面图形中和前面图形的重叠部分，并保留前面图形和后面图形的状态。

绘制两个相交的图形对象，如图 2-297 所示。使用"选择"工具 选中两个相交的图形对象，如图 2-298 所示。

选择"窗口 > 泊坞窗 > 造形"命令，弹出如图 2-299 所示的"造形"泊坞窗。在"造形"泊坞窗中选择"简化"选项，单击"应用"按钮，图形的简化效果如图 2-300 所示。

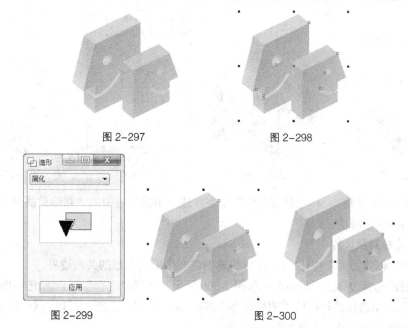

图 2-297　　　　　　　　　　　　　　图 2-298

图 2-299　　　　　　　　　　　　　　图 2-300

选择"排列 > 造形 > 简化"命令，或单击属性栏中的"简化"按钮 ，也可以完成图形的简化。

◎ 移除后面对象

移除后面对象会减去后面图形，减去前后图形的重叠部分，并保留前面图形的剩余部分。

绘制两个相交的图形对象，如图 2-301 所示。使用"选择"工具 选中两个相交的图形对象，如图 2-302 所示。

选择"窗口 > 泊坞窗 > 造形"命令，弹出如图 2-303 所示的"造形"泊坞窗。在"造形"泊坞窗中选择"移除后面对象"选项，单击"应用"按钮，效果如图 2-304 所示。

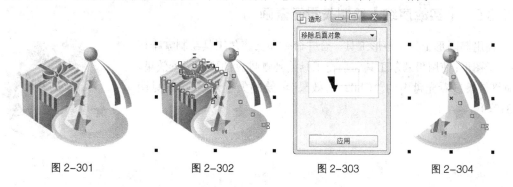

图 2-301　　　　　　图 2-302　　　　　　图 2-303　　　　　　图 2-304

选择"排列 > 造形 > 移除后面对象"命令，或单击属性栏中的"移除后面对象"按钮 ，也可以完成图形的移除后面对象。

◎ **移除前面对象**

移除前面对象会减去前面图形，减去前后图形的重叠部分，并保留后面图形的剩余部分。

绘制两个相交的图形对象，如图 2-305 所示。使用"选择"工具 选中两个相交的图形对象，如图 2-306 所示。

选择"窗口 > 泊坞窗 > 造形"命令，弹出如图 2-307 所示的"造形"泊坞窗。在"造形"泊坞窗中选择"移除前面对象"选项，单击"应用"按钮，效果如图 2-308 所示。

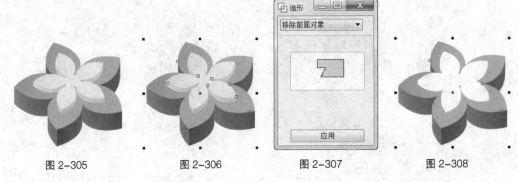

图 2-305　　　　　图 2-306　　　　　图 2-307　　　　　图 2-308

选择"排列 > 造形 > 移除前面对象"命令，或单击属性栏中的"移除前面对象"按钮 ，也可以完成图形的后减前。

◎ **创建选择对象边界**

通过应用"创建边界"按钮 ，可以快速创建一个所选图形的共同边界。

绘制要创建选择边界的图形对象，如图 2-309 所示。使用"选择"工具 选中图形对象，如图 2-310 所示。单击属性栏中的"创建边界"按钮 ，使用"选择"工具 移动图形，可以看到创建好的选择对象边界，效果如图 2-311 所示。

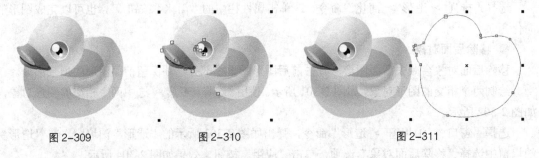

图 2-309　　　　　　图 2-310　　　　　　图 2-311

2.3.5 【实战演练】绘制矢量元素画

使用椭圆形工具、矩形工具、合并命令和贝塞尔工具绘制咖啡杯和勺子图形；使用贝塞尔工具和填充工具绘制咖啡豆图形和背景效果。（最终效果参看光盘中的"Ch02 > 效果 > 绘制矢量元素画"，见图 2-312。）

图 2-312

2.4 绘制快乐时光标志

2.4.1 【案例分析】

快乐时光标志是一组使用几何图形和欢笑的脸部表情组成的简易标志。本案例是为幼儿服饰品牌绘制的一款标志，在设计中要求绘制的图形轻松简洁、形象生动。

2.4.2 【设计理念】

在设计制作过程中，使用简单的几何图形使画面具有动势，给人以可爱的印象。不同角度的脸部表情，给人以自然和愉悦感，让人能够印象深刻。（最终效果参看光盘中的"Ch02 > 效果 > 绘制快乐时鼠标志"，见图 2-313。）

图 2-313

2.4.3 【操作步骤】

步骤 1 按 Ctrl+N 组合键，新建一个 A4 页面。单击属性栏中的"横向"按钮 ▭，页面显示为横向。选择"椭圆形"工具 ◯，按住 Ctrl 键的同时在页面中绘制一个圆形，如图 2-314 所示。单击属性栏中的"饼图"按钮 ⌒，效果如图 2-315 所示。在属性栏中将"旋转角度" ⊙ ⁰ 选项设为 56，效果如图 2-316 所示。在"CMYK 调色板"中的"青"色块上单击鼠标，填充图形并去除图形的轮廓线，效果如图 2-317 所示。

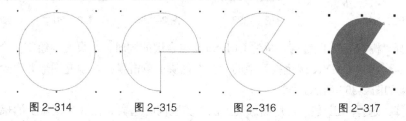

图 2-314   图 2-315   图 2-316   图 2-317

步骤 2 选择"3 点椭圆形"工具 ⬭，在适当的位置绘制一个椭圆形，如图 2-318 所示。在"CMYK 调色板"中的"黑"色块上单击鼠标，填充图形并去除图形的轮廓线，效果如图 2-319 所示。选择"选择"工具 ▨，按数字键盘上的+键复制图形，并将复制的图形拖曳到适当的位置，效果如图 2-320 所示。

步骤 3 选择"椭圆形"工具 ◯，在适当的位置绘制两个大小不同的椭圆形，如图 2-321 所示。选择"选择"工具 ▨，按住 Shift 键的同时将两个圆形同时选取，单击属性栏中的"移除前面对象"按钮 ⬚，将两个图形剪切为一个图形，效果如图 2-322 所示。在"CMYK 调色板"中的"黑"色块上单击鼠标，填充图形并去除图形的轮廓线，效果如图 2-323 所示。

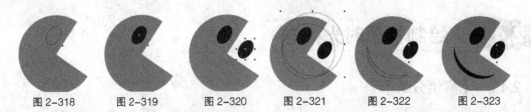

图 2-318　　图 2-319　　图 2-320　　图 2-321　　图 2-322　　图 2-323

步骤 4 选择"3 点椭圆形"工具 ，在页面中的适当位置绘制两个椭圆形，如图 2-324 所示。用圈选的方法将两个椭圆形同时选取，如图 2-325 所示。在"CMYK 调色板"中的"黑"色块上单击鼠标，填充图形并去除图形的轮廓线，效果如图 2-326 所示。

图 2-324　　　　图 2-325　　　　图 2-326

步骤 5 选择"矩形"工具 ，按住 Ctrl+Shift 组合键的同时，在适当的位置绘制一个正方形，如图 2-327 所示。在"CMYK 调色板"中的"洋红"色块上单击鼠标，填充图形并去除图形的轮廓线，效果如图 2-328 所示。

步骤 6 选择"选择"工具 ，用圈选的方法将笑脸同时选取，如图 2-329 所示。按数字键盘上的+键复制图形，并将复制的图形拖曳到适当的位置，效果如图 2-330 所示。在属性栏中将"旋转角度" 选项设为 330，按 Enter 键，效果如图 2-331 所示。

图 2-327　　　　　　图 2-328　　　　图 2-329　　　　图 2-330　　　　图 2-331

步骤 7 选择"椭圆形"工具 ，按住 Ctrl+Shift 组合键的同时，在页面中绘制一个圆形，如图 2-332 所示。在"CMYK 调色板"中的"黄"色块上单击鼠标，填充图形并去除图形的轮廓线，效果如图 2-333 所示。

步骤 8 选择"选择"工具 ，用圈选的方法将笑脸同时选取。按数字键盘上的+键复制图形，并将复制的图形拖曳到适当的位置，效果如图 2-334 所示。在属性栏中将"旋转角度" 选项设为 180，按 Enter 键，效果如图 2-335 所示。

图 2-332　　　　图 2-333　　　　图 2-334　　　　图 2-335

步骤 9 选择"矩形"工具 ，按住 Ctrl+Shift 组合键键的同时，在页面中绘制一个正方形，如图 2-336 所示。单击属性栏中的"转换为曲线"按钮 ，将正方形转换为曲线。选择"形状"

工具 ，在正方形的右侧轮廓线上双击鼠标添加一个节点，如图 2-337 所示。选取节点并将其拖曳到适当的位置，效果如图 2-338 所示。

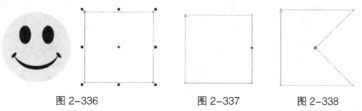

图 2-336　　　　　　图 2-337　　　　　　图 2-338

步骤 10　选择"选择"工具 ，在"CMYK 调色板"中的"酒绿"色块上单击鼠标，填充图形并去除图形的轮廓线，效果如图 2-339 所示。用相同的方法复制笑脸并旋转到适当的角度，效果如图 2-340 所示。选择"文本"工具 ，输入需要的文字。选择"选择"工具 ，在属性栏中选择合适的字体并设置文字大小。快乐时鼠标志绘制完成，效果如图 2-341 所示。

图 2-339　　　　　图 2-340　　　　　　　　图 2-341

2.4.4　【相关工具】

1. 图纸工具

◎ 绘制图纸

选择"图纸"工具 ，在绘图页面中按住鼠标左键不放，从左上角向右下角拖曳鼠标到需要的位置，松开鼠标左键，网格状的图形绘制完成，如图 2-342 所示，图纸属性栏如图 2-343 所示。在 框中可以重新设定图纸的列和行，绘制出需要的网格状图形效果。

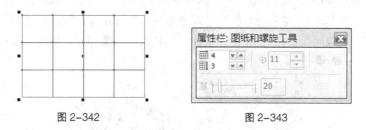

图 2-342　　　　　　　　图 2-343

按住 Ctrl 键，在绘图页面中可以绘制正网格状的图形。

按住 Shift 键，在绘图页面中会以当前点为中心绘制网格状的图形。

同时按下 Shift+Ctrl 组合键，在绘图页面中会以当前点为中心绘制正网格状的图形。

使用"选择"工具 选中网格状图形，如图 2-344 所示。选择"排列 > 取消群组"命令或按 Ctrl+U 组合键，可将绘制出的网格状图形取消群组。取消网格图形的选取状态，再使用"选择"工具 可以单选其中的各个图形，如图 2-345 所示。

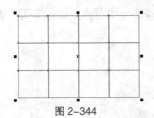

图 2-344

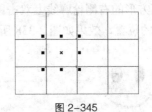

图 2-345

2. 编辑命令

在 CorelDRAW X5 中，可以使用强大的图形对象编辑功能对图形对象进行编辑，其中包括对象的多种选取方式，对象的缩放、移动、镜像、复制和删除，以及对象的调整。下面将讲解多种编辑图形对象的方法和技巧。

◎ 对象的选取

在 CorelDRAW X5 中，新建一个图形对象时，一般图形对象呈选取状态，在对象的周围出现圈选框，圈选框是由 8 个控制手柄组成的。对象的中心有一个 "X" 形的中心标记，对象的选取状态如图 2-346 所示。

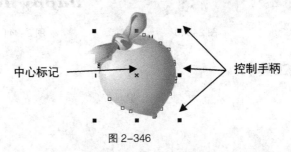

中心标记　　　　　　　　　　　　　　　控制手柄

图 2-346

> **提示**　在 CorelDRAW X5 中，如果要编辑一个对象，首先要选取这个对象。当选取多个图形对象时，多个图形对象共有一个圈选框。要取消对象的选取状态，只要在绘图页面中的其他位置单击鼠标左键或按 Esc 键即可。

选择 "选择" 工具 ，在要选取的图形对象上单击鼠标左键，即可以选取该对象。

选取多个图形对象时，按住 Shift 键，依次单击选取的对象即可。同时选取的效果如图 2-346 所示。

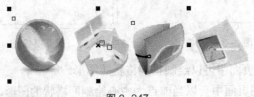

图 2-347

选择 "选择" 工具 ，在绘图页面中要选取的图形对象外围单击鼠标左键并拖曳鼠标，拖曳后会出现一个蓝色的虚线圈选框，如图 2-348 所示。在圈选框完全圈选住对象后松开鼠标左键，被圈选的对象即处于选取状态，如图 2-349 所示。用圈选的方法可以同时选取一个或多个对象。

图 2-348   图 2-349

在圈选的同时按住 Alt 键，蓝色的虚线圈选框接触到的对象都将被选取，如图 2-350 所示。

图 2-350

选择"编辑 > 全选"子菜单下的各个命令来选取对象，按 Ctrl+A 组合键可以选取绘图页面中的全部对象。

提　示　当绘图页面中有多个对象时，按空格键，快速选择"选择"工具 ，连续按 Tab 键，可以依次选择下一个对象。按住 Shift 键，再连续按 Tab 键，可以依次选择上一个对象。按住 Ctrl 键的同时，用光标点选可以选取群组中的单个对象。

◎ **对象的缩放**

使用"选择"工具 选取要缩放的对象，对象的周围出现控制手柄。

用鼠标拖曳控制手柄可以缩放对象。拖曳对角线上的控制手柄可以按比例缩放对象，如图 2-351 所示。拖曳中间的控制手柄可以不按比例缩放对象，如图 2-352 所示。

拖曳对角线上的控制手柄时，按住 Ctrl 键，对象会以 100% 的比例缩放；同时按下 Shift+Ctrl 组合键，对象会以 100% 的比例从中心缩放。

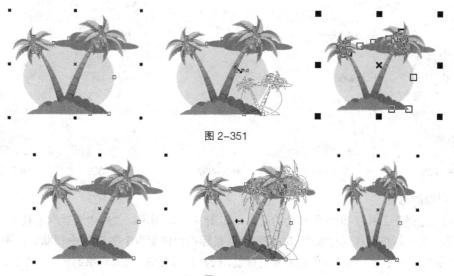

图 2-351

图 2-352

选择"选择"工具 并选取要缩放的对象，对象的周围出现控制手柄。选择"形状"工具 展开式工具栏中的"自由变换"工具 ，这时的属性栏如图 2-353 所示。

在"自由变形"属性栏中的"对象大小" 中，输入对象的宽度和高度。如果选择了"缩放因子" 中的锁按钮，则宽度和高度将按比例缩放，只要改变宽度和高度中的一个值，另一个值就会自动按比例调整。

在"自由变形"属性栏中调整好宽度和高度后，按 Enter 键完成对象的缩放，缩放的效果如图 2-354 所示。

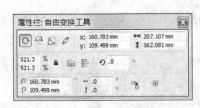

图 2-353　　　　　　　　　　　　图 2-354

使用"选择"工具 选取要缩放的对象，如图 2-355 所示。选择"窗口 > 泊坞窗 > 变换 > 大小"命令，或按 Alt+F10 组合键，弹出"转换"泊坞窗，如图 2-356 所示。其中，"H"表示宽度，"垂直"表示高度。如不勾选 按比例 复选框，就可以不按比例缩放对象。

在"转换"泊坞窗中，图 2-357 所示的是可供选择的圈选框控制手柄 8 个点的位置，单击一个按钮以定义一个在缩放对象时保持固定不动的点，缩放的对象将基于这个点进行缩放，这个点可以决定缩放后的图形与原图形的相对位置。

设置好需要的数值，如图 2-358 所示。单击"应用"按钮，对象的缩放完成，效果如图 2-359 示。在"副本"选项中输入数值，可以复制生成多个缩放好的对象。

选择"窗口 > 泊坞窗 > 变换 > 比例"命令，或按 Alt+F9 组合键，在弹出的"转换"泊坞窗中可以对对象进行缩放。

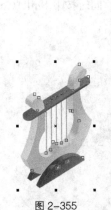

图 2-355　　　　图 2-356　　　　图 2-357　　　　图 2-358　　　　图 2-359

◎ **对象的移动**

使用"选择"工具 选取要移动的对象，如图 2-360 所示。使用"选择"工具 或其他的绘图工具，将鼠标指针移到对象的中心控制点，鼠标指针将变为十字箭头 形状，如图 2-361 所示。按住鼠标左键不放，拖曳对象到需要的位置，松开鼠标左键，完成对象的移动，效果如图 2-362 所示。

图 2-360　　　　　　　　图 2-361　　　　　　　　图 2-362

选取要移动的对象，用键盘上的方向键可以微调对象的位置，系统使用默认值时，对象将以0.1 英寸的增量移动。选择"选择"工具 后不选取任何对象，在属性栏中的 框中可以重新设定每次微调移动的距离。

选取要移动的对象，在属性栏的"对象位置" 框中输入对象要移动到的新位置的横坐标和纵坐标，可移动对象。

选取要移动的对象，选择"窗口 > 泊坞窗 > 变换 > 位置"命令，或按 Alt+F7 组合键，将弹出"转换"泊坞窗，"H"表示对象所在位置的横坐标，"垂直"表示对象所在位置的纵坐标。如选中 相对位置复选框，对象将相对于原位置的中心进行移动。设置好后，单击"应用"按钮或按 Enter 键，完成对象的移动。移动前后的位置如图 2-363 所示。

图 2-363

设置好数值后，在"副本"选项中输入数值，可以在移动的新位置复制生成出新的对象。

◎ **对象的镜像**

镜像效果经常被应用到设计作品中。在 CorelDRAW X5 中，可以使用多种方法使对象沿水平、垂直或对角线的方向做镜像翻转。

选取镜像对象，如图 2-364 所示。按住鼠标左键直接拖曳控制手柄到相对的边，直到显示对象的蓝色虚线框，如图 2-365 所示。松开鼠标左键就可以得到不规则的镜像对象，如图 2-366 所示。

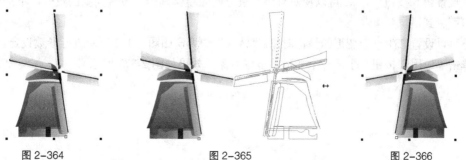

图 2-364　　　　　　　　　　图 2-365　　　　　　　　　　图 2-366

　　按住 Ctrl 键，直接拖曳左边或右边中间的控制手柄到相对的边，可以完成保持原对象比例的水平镜像，如图 2-367 所示。按住 Ctrl 键，直接拖曳上边或下边中间的控制手柄到相对的边，可以完成保持原对象比例的垂直镜像，如图 2-368 所示。按住 Ctrl 键，直接拖曳边角上的控制手柄到相对的边，可以完成保持原对象比例的沿对角线方向的镜像，如图 2-369 所示。

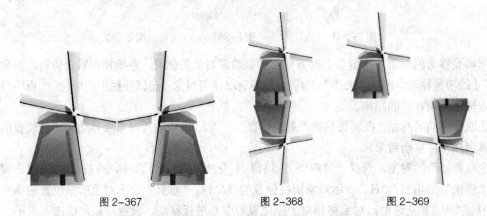

图 2-367　　　　　　　　　　图 2-368　　　　　　　　图 2-369

提　示　在镜像的过程中，只能使对象本身产生镜像。如果想产生图 2-365、图 2-366、图 2-367 所示的效果，就要在镜像的位置生成一个复制对象。方法很简单，在松开鼠标左键之前按下鼠标右键，就可以在镜像的位置生成一个复制对象。

　　使用"选择"工具 选取要镜像的对象，如图 2-370 所示，这时的属性栏如图 2-371 所示。

图 2-370　　　　　　　　　　　　　图 2-371

　　单击属性栏中的"水平镜像"按钮 ，可以使对象沿水平方向做镜像翻转。单击"垂直镜像"按钮 ，可以使对象沿垂直方向做镜像翻转。

　　选取要镜像的对象，选择"窗口 > 泊坞窗 > 变换 > 缩放和镜像"命令，或按 Alt+F9 组合键，弹出"转换"泊坞窗，单击"水平镜像"按钮 ，可以使对象沿水平方向做镜像翻转。单击"垂直镜像"按钮 ，可以使对象沿垂直方向做镜像翻转。设置需要的数值，单击"应用"按钮即可看到镜像效果。

　　还可以设置产生一个变形的镜像对象。"转换"泊坞窗如图 2-372 所示进行参数设定，设置好后，单击"应用"按钮，生成一个变形的镜像对象，效果如图 2-373 所示。

图 2-372   图 2-373

◎ **对象的旋转**

使用"选择"工具 ⤷ 选取要旋转的对象，对象的周围出现控制手柄。再次单击对象，这时对象的周围出现旋转 ⤢ 和倾斜 ↔ 控制手柄，如图 2-374 所示。

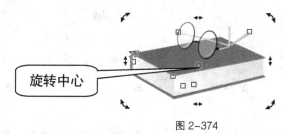

图 2-374

将鼠标指针移动到旋转控制手柄上，这时鼠标指针变为旋转符号 ↻，如图 2-375 所示。按住鼠标左键，拖曳鼠标旋转对象，旋转时对象会出现蓝色的虚线框指示旋转方向和角度，如图 2-376 所示。旋转到需要的角度后，松开鼠标左键，完成对象的旋转，效果如图 2-377 所示。

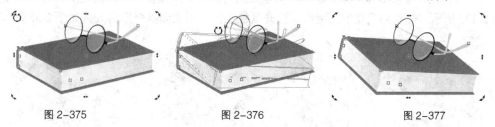

图 2-375   图 2-376   图 2-377

对象是围绕旋转中心 ⊙ 旋转的，默认的旋转中心 ⊙ 是对象的中心点，将鼠标指针移动到旋转中心上，按住鼠标左键拖曳旋转中心 ⊙ 到需要的位置，松开鼠标左键，完成对旋转中心的移动。

选取要旋转的对象，如图 2-378 所示。选择"选择"工具 ⤷，在属性栏中的"旋转角度" ↻ °文本框中输入旋转的角度数值 50，如图 2-379 所示。按 Enter 键，效果如图 2-380 所示。

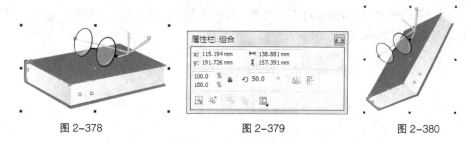

图 2-378   图 2-379   图 2-380

选取要旋转的对象，如图 2-381 所示。选择"窗口 > 泊坞窗 > 变换 > 旋转"命令，或按 Alt+F8 组合键，弹出"转换"泊坞窗，如图 2-382 所示。也可以在已打开的"转换"泊坞窗中单击"旋转"按钮 🔾。

在"转换"泊坞窗的"旋转"设置区的"角度"选项框中直接输入旋转的角度数值，旋转角度数值可以是正值也可以是负值。在"中心"选项的设置区中输入旋转中心的坐标位置。勾选"相对中心"复选框，对象的旋转将以选中的旋转中心旋转。"转换"泊坞窗如图 2-383 所示进行设定，设置完成后，单击"应用"按钮，对象旋转的效果如图 2-384 所示。

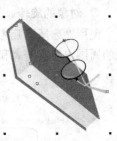

图 2-381　　　　　　图 2-382　　　　　　图 2-383　　　　　　图 2-384

◎ **对象的倾斜变换**

选取要倾斜变形的对象，对象的周围出现控制手柄。再次单击对象，这时对象的周围出现旋转 ↗ 和倾斜 ↔ 控制手柄，如图 2-385 所示。

将鼠标指针移动到倾斜控制手柄上，鼠标指针变为倾斜符号 ⇄，如图 2-386 所示。按住鼠标左键，拖曳鼠标变形对象，倾斜变形时对象会出现蓝色的虚线框指示倾斜变形的方向和角度，如图 2-387 所示。倾斜到需要的角度后，松开鼠标左键，对象倾斜变形的效果如图 2-388 所示。

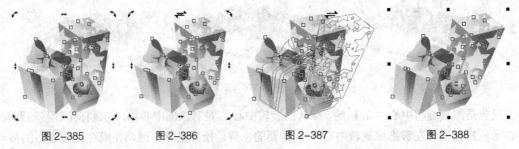

图 2-385　　　　　　图 2-386　　　　　　图 2-387　　　　　　图 2-388

选取倾斜变形对象，如图 2-389 所示。选择"窗口 > 泊坞窗 > 变换 > 倾斜"命令，弹出"转换"泊坞窗，如图 2-390 所示。也可以在已打开的"转换"泊坞窗中单击"倾斜"按钮 ⬛，在"转换"泊坞窗中设定倾斜变形对象的数值，如图 2-391 所示。单击"应用"按钮，对象产生倾斜变形，效果如图 2-392 所示。

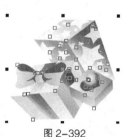

图 2-389　　　　　　　　图 2-390　　　　　　　　图 2-391　　　　　　　　图 2-392

◎ **对象的复制**

选取要复制的对象，如图 2-393 所示。选择"编辑 > 复制"命令，或按 Ctrl+C 组合键，对象的副本将被放置在剪贴板中。选择"编辑 > 粘贴"命令，或按 Ctrl+V 组合键，对象的副本被粘贴到原对象的下面，位置和原对象是相同的。用鼠标移动对象，可以显示复制的对象，如图 2-394 所示。

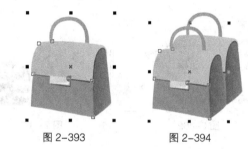

图 2-393　　　　　　　　　图 2-394

 提 示　　选择"编辑 > 剪切"命令，或按 Ctrl+X 组合键，对象将从绘图页面中删除并被放置在剪贴板上。

选取要复制的对象，如图 2-395 所示。将鼠标指针移动到对象的中心点上，鼠标指针变为移动光标✛，如图 2-396 所示。按住鼠标左键拖曳对象到需要的位置，如图 2-397 所示。在位置合适后单击鼠标右键，对象的复制完成，效果如图 2-398 所示。

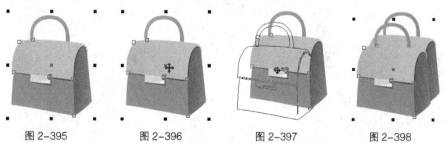

图 2-395　　　　　　图 2-396　　　　　　图 2-397　　　　　　图 2-398

选取要复制的对象，用鼠标右键单击并拖曳对象到需要的位置，松开鼠标右键后弹出如图 2-399 所示的快捷菜单，选择"复制"命令，对象的复制完成，如图 2-400 所示。

使用"选择"工具 选取要复制的对象，在数字键盘上按+键可以快速复制对象。

图 2-399　　　　　　　　　　　　　图 2-400

提 示　可以在两个不同的绘图页面中复制对象，使用鼠标左键拖曳其中一个绘图页面中的对象到另一个绘图页面中，在松开鼠标左键前单击鼠标右键即可复制对象。

选取要复制属性的对象，如图 2-401 所示。选择"编辑 > 复制属性自"命令，弹出"复制属性"对话框，在对话框中勾选"填充"复选框，如图 2-402 所示。单击"确定"按钮，鼠标指针显示为黑色箭头，在要复制其属性的对象上单击，如图 2-403 所示。对象的属性复制完成，效果如图 2-404 所示。

图 2-401　　　　　　　　图 2-402　　　　　　　　图 2-403　　　　　　图 2-404

◎ **对象的删除**

在 CorelDRAW X5 中，可以方便快捷地删除对象。下面介绍如何删除不需要的对象。

选取要删除的对象，如图 2-405 所示。选择"编辑 > 删除"命令，或按 Delete 键，如图 2-406 所示，可以将选取的对象删除，效果如图 2-407 所示。

图 2-405　　　　　　　　　图 2-406　　　　　　　　图 2-407

提 示　如果想删除多个或全部的对象，首先要选取这些对象，再执行"删除"命令或按 Delete 键。

2.4.5 【实战演练】绘制 DVD

使用椭圆形工具和矩形工具绘制按钮图形；使用渐变填充命令为按钮填充渐变色；使用水平镜像命令水平翻转按钮图形。（最终效果参看光盘中的"Ch02 > 效果 > 绘制 DVD"，见图 2-408。）

图 2-408

2.5 综合演练——绘制遥控器

2.5.1 【案例分析】

本案例是为某电器公司设计的一个空调遥控器的外形。现在空调已成为大多数家庭的生活必备电器，所以其遥控器的外观设计也成为各大公司的竞争因素。

2.5.2 【设计理念】

在设计制作过程中，使用纯白色作为遥控器的外观颜色，给人简洁、干净、明快的印象；屏幕占了几乎遥控器的一半，令使用者观看起来清晰明了；遥控器的上面一共分为 5 个按钮，直观清晰、易于使用。整个遥控器的设计简单大方，操作方便，符合消费者的需求。

2.5.3 【知识要点】

使用矩形工具和渐变填充工具绘制背景效果；使用矩形工具、调和工具、多边形工具和透明工具绘制遥控器图形；使用基本形状工具、直线工具和矩形工具绘制屏幕效果；使用椭圆形工具、渐变填充工具和透明工具绘制遥控器按钮效果；使用文本工具添加文字。（最终效果参看光盘中的"Ch02 > 效果 > 绘制遥控器"，见图 2-409。）

图 2-409

2.6 综合演练——绘制图标

2.6.1 【案例分析】

图标是指具有指代意义的图形符号，具有高度浓缩并快捷传达信息、便于记忆的特性。其应用范围很广，在日常生活中无处不在，随处可见。本案例是一个灭火器的使用图标，要求具有便捷的信息传达功效。

2.6.2 【设计理念】

在设计制作过程中，图标以圆形作为外观，用红黄的颜色搭配展现出很强的视觉冲击及识别

中等职业教育数字艺术类规划教材

性；红色的背景象征着熊熊的大火，灭火器图形以及文字是以黄色来展现，在突出产品功能的同时，让人一目了然。整个图标简洁直观，视觉效果强烈，具有很高的识别性。

2.6.3 【知识要点】

使用椭圆形工具绘制背景效果；使用矩形工具、椭圆形工具和移除前面对象命令绘制图标图形；使用文本工具添加文字。（最终效果参看光盘中的"Ch02 > 效果 > 绘制图标"，见图 2-410。）

图 2-410

第3章 插画设计

现代插画艺术发展迅速，已经被广泛应用于杂志、周刊、广告、包装和纺织品领域。使用CorelDRAW 绘制的插画简洁明快、独特新颖、形式多样，已经成为最流行的插画表现形式。本章以多个主题插画为例，讲解插画的多种绘制方法和制作技巧。

 课堂学习目标

- 了解插画的概念和应用领域
- 了解插画的分类
- 了解插画的风格特点
- 掌握插画的绘制思路和过程
- 掌握插画的绘制方法和技巧

3.1 绘制可爱棒冰插画

3.1.1 【案例分析】

本案例是为卡通书籍绘制的可爱棒冰插画。在插画绘制上以可爱形象的棒冰图形为主体，通过简洁的绘画语言表现出棒冰可爱的造型和美味的口感。

3.1.2 【设计理念】

在设计绘制过程中，用黄色的棒冰图形重复排列，构成插画的背景效果，营造出时尚而清新的感觉。拟人化的棒冰图形活泼可爱、形象生动，突显出活力感。整个画面自然协调，生动且富于变化，让人印象深刻。（最终效果参看光盘中的"Ch03 > 效果 > 绘制可爱棒冰插画"，见图3-1。）

图3-1

3.1.3 【操作步骤】

步骤 1 按 Ctrl+N 组合键，新建一个页面。在属性栏的"页面度量"选项中分别设置宽度为 200mm、高度为 200mm，按 Enter 键，页面尺寸显示为设置的大小。

步骤 2 选择"文件 > 导入"命令，弹出"导入"对话框。选择光盘中的"Ch03 > 素材 > 绘

制可爱棒冰插画 > 01"文件，单击"导入"按钮。在页面中单击导入的图形，按 P 键，图片在页面中居中对齐，效果如图 3-2 所示。

步骤 3 选择"贝塞尔"工具 绘制一个不规则图形，如图 3-3 所示。设置图形颜色的 CMYK 值为 0、1、27、0，填充图形并去除图形的轮廓线，效果如图 3-4 所示。

 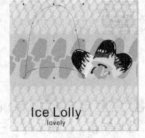 

图 3-2　　　　　　　　图 3-3　　　　　　　　图 3-4

步骤 4 选择"贝塞尔"工具 绘制一个不规则图形。设置图形颜色的 CMYK 值为 6、11、73、0，填充图形并去除图形的轮廓线，效果如图 3-5 所示。选择"贝塞尔"工具 绘制一个不规则图形，如图 3-6 所示。

图 3-5　　　　　　　　　　图 3-6

步骤 5 按 F11 键，弹出"渐变填充"对话框。单击"双色"单选钮，将"从"选项颜色的 CMYK 值设置为 40、73、94、66，"到"选项颜色的 CMYK 值设置为 50、75、100、15，其他选项的设置如图 3-7 所示。单击"确定"按钮，填充图形并去除图形的轮廓线，效果如图 3-8 所示。

步骤 6 选择"贝塞尔"工具 绘制多个不规则图形。填充图形为白色并去除图形的轮廓线，效果如图 3-9 所示。

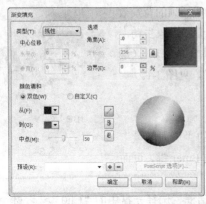  

图 3-7　　　　　　　　图 3-8　　　　　　　　图 3-9

步骤 7　选择"贝塞尔"工具 ，在页面中适当的位置绘制一个图形。设置图形颜色的 CMYK 值为 67、80、100、60，填充图形并去除图形的轮廓线，效果如图 3-10 所示。用相同的方法再绘制一个图形，并填充相同的颜色，效果如图 3-11 所示。

图 3-10　　　　　　　图 3-11

步骤 8　选择"贝塞尔"工具 ，在适当的位置绘制一个图形。设置填充色的 CMYK 值为 67、80、100、60，填充图形并去除图形的轮廓线，效果如图 3-12 所示。

步骤 9　选择"贝塞尔"工具 ，在适当的位置绘制一个图形。设置填充色的 CMYK 值为 14、87、30、0，填充图形并去除图形的轮廓线，效果如图 3-13 所示。

步骤 10　选择"贝塞尔"工具 ，在适当的位置绘制一个图形。设置填充色的 CMYK 值为 0、51、0、0，填充图形并去除图形的轮廓线，效果如图 3-14 所示。

图 3-12　　　　　　图 3-13　　　　　　图 3-14

步骤 11　选择"椭圆形"工具 ，按住 Ctrl 键的同时，在页面中适当的位置拖曳鼠标绘制一个图形，如图 3-15 所示。

步骤 12　按 F11 键，弹出"渐变填充"对话框。单击"双色"单选钮，将"从"选项颜色的 CMYK 值设置为 20、70、68、0，"到"选项颜色的 CMYK 值设置为 13、39、33、0，其他选项的设置如图 3-16 所示。单击"确定"按钮，填充图形并去除图形的轮廓线，效果如图 3-17 所示。用相同的方法再绘制一个图形，并填充相同的颜色，效果如图 3-18 所示。

 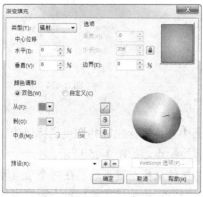 

图 3-15　　　　　　　图 3-16　　　　　　　图 3-17　　　　图 3-18

步骤 13 选择"椭圆形"工具 ◯，绘制一个椭圆形。设置图形颜色的 CMYK 值为 14、10、62、0，填充图形并去除图形的轮廓线，效果如图 3-19 所示。

步骤 14 选择"椭圆形"工具 ◯，绘制一个椭圆形。设置图形颜色的 CMYK 值为 55、70、90、81，填充图形并去除图形的轮廓线，效果如图 3-20 所示。

步骤 15 选择"贝塞尔"工具 ↖，在适当的位置绘制一个图形。设置填充色的 CMYK 值为 25、38、68、8，填充图形并去除图形的轮廓线，效果如图 3-21 所示。

步骤 16 选择"贝塞尔"工具 ↖，在适当的位置绘制一个图形。设置填充色的 CMYK 值为 5、15、65、7，填充图形并去除图形的轮廓线，效果如图 3-22 所示。

图 3-19   图 3-20   图 3-21   图 3-22

3.1.4 【相关工具】

1. 贝塞尔工具

"贝塞尔"工具 ↖ 可以绘制平滑、精确的曲线。可以通过确定节点和改变控制点的位置来控制曲线的弯曲度。可以使用节点和控制点对绘制完的直线或曲线进行精确的调整。

◎ 绘制直线和拆线

选择"贝塞尔"工具 ↖，在绘图页面中单击鼠标左键以确定直线的起点，拖曳鼠标指针到需要的位置，再单击鼠标左键以确定直线的终点，绘制出一段直线。只要确定下一个节点，就可以绘制出折线的效果，如果想绘制出多个折角的折线，只要继续确定节点即可，如图 3-23 所示。

如果双击折线上的节点，将删除这个节点，折线的另外两个节点将自动连接，效果如图 3-24 所示。

图 3-23   图 3-24

◎ 绘制曲线

选择"贝塞尔"工具 ↖，在绘图页面中按住鼠标左键并拖曳鼠标以确定曲线的起点，松开鼠标左键，这时该节点的两边出现控制线和控制点，如图 3-25 所示。

将鼠标指针移动到需要的位置单击并按住鼠标左键不动，在两个节点间出现一条曲线段，拖曳鼠标，第 2 个节点的两边出现控制线和控制点，控制线和控制点会随着指针的移动而发生变化，曲线的形状也会随之发生变化，调整到需要的效果后松开鼠标左键，如图 3-26 所示。

在下一个需要的位置单击鼠标左键后，将出现一条连续的平滑曲线，如图 3-27 所示。用"形状"工具 ⌨ 在第 2 个节点处单击鼠标左键，出现控制线和控制点，效果如图 3-28 所示。

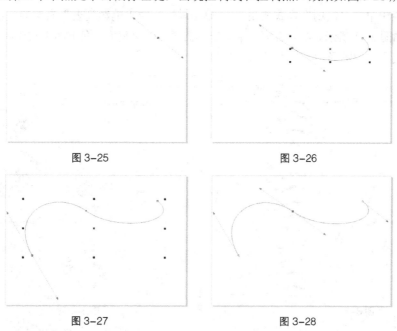

图 3-25   图 3-26

图 3-27   图 3-28

 提 示　　当确定一个节点后，在这个节点上双击，再单击确定下一个节点后出现直线。当确定一个节点后，在这个节点上双击鼠标左键，再单击确定下一个节点并拖曳这个节点后出现曲线。

2. 艺术笔工具

在 CorelDRAW X5 中，使用"艺术笔"工具 ⌨ 可以绘制出多种精美的线条和图形，可以模仿画笔的真实效果，在画面中产生丰富的变化。通过使用"艺术笔"工具可以绘制出不同风格的设计作品。

选择"艺术笔"工具 ⌨，属性栏如图 3-29 所示，其中包含的 5 种模式 ⊠ ⌁ ⌁ ⌁ ⌁ 分别是"预设"模式、"笔刷"模式、"喷涂"模式、"书法"模式和"压力"模式。下面具体介绍这 5 种模式。

图 3-29

◎ **预设模式**

预设模式提供了多种线条类型，并且可以改变曲线的宽度。单击属性栏的"预设笔触列表"右侧的按钮 ▾，弹出其下拉列表，如图 3-30 所示。在线条列表框中单击选择需要的线条类型。

单击属性栏中的"手绘平滑"设置区，弹出滑动条，拖曳滑动条或输入数值可以调节绘图时线条的平滑程度。在"艺术笔工具宽度" ⌁ 10.0 mm 中输入数值可以设置曲线的宽度。选择"预设"模式和线条类型后，鼠标指针变为 ⌨ 形状，在绘图页面中按住鼠标左键并拖曳鼠标，可以绘制出封闭的线条图形。

◎ 笔刷模式

画笔模式提供了多种颜色样式的画笔,将画笔运用在绘制的曲线上,可以绘制出漂亮的效果。

在属性栏中单击"笔刷"模式按钮 ，单击属性栏中"笔触列表"右侧的按钮 ，弹出其下拉列表,如图 3-31 所示。在列表框中单击选择需要的画笔类型,在页面中按住鼠标左键并拖曳鼠标,绘制出需要的图形。

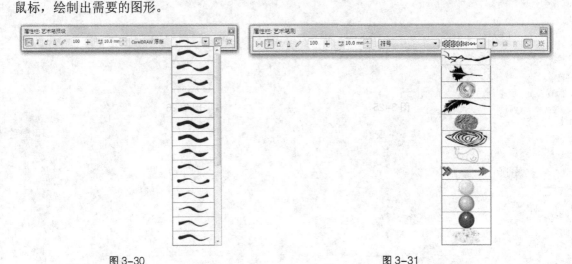

图 3-30   图 3-31

◎ 喷涂模式

喷涂模式提供了多种有趣的图形对象, 这些图形对象可以应用在绘制的曲线上。可以在属性栏的"喷涂列表文件列表"下拉列表框中选择喷雾的形状来绘制需要的图形。

在属性栏中单击"喷涂"模式按钮 ，属性栏如图 3-32 所示。单击属性栏中"喷涂列表文件列表"右侧的按钮 ，弹出其下拉列表,如图 3-33 所示。在列表框中单击选择需要的喷涂类型。单击属性栏中"选择喷涂顺序"选项 随机 ，弹出下拉列表,可以选择喷出图形的顺序。选择"随机"选项,喷出的图形将会随机分布。选择"顺序"选项,喷出的图形将会以方形区域分布。选择"按方向"选项,喷出的图形将会随光标拖曳的路径分布。在页面中按住鼠标左键并拖曳鼠标,绘制出需要的图形。

图 3-32   图 3-33

◎ 书法模式

书法模式可以绘制出类似书法笔的效果,可以改变曲线的粗细。

在属性栏中单击"书法"模式按钮 ，属性栏如图 3-34 所示。在属性栏的"书法角度"

 选项中，可以设置"笔触"和"笔尖"的角度。如果角度值设为 0°，书法笔垂直方向画出的线条最粗，笔尖是水平的。如果角度值设置为 90°，书法笔水平方向画出的线条最粗，笔尖是垂直的。在绘图页面中按住鼠标左键并拖曳鼠标绘制图形。

◎ 压力模式

压力模式可以用压力感应笔或键盘输入的方式改变线条的粗细，应用好这个功能可以绘制出特殊的图形效果。

在属性栏的"预置笔触列表"模式中选择需要的画笔，单击"压力"模式按钮 ✐ ，属性栏如图 3-35 所示。在"压力"模式中设置好压力感应笔的平滑度和画笔的宽度，在绘图页面中按住鼠标左键并拖曳鼠标绘制图形。

图 3-34　　　　　　　　　　图 3-35

3. 渐变填充对话框

渐变填充是一种非常实用的功能，在设计制作工作中经常被应用。在 CorelDRAW X5 中，渐变填充提供了线性、射线、圆锥和方角 4 种渐变色彩的形式，可以绘制出多种渐变颜色效果。下面介绍使用渐变填充的方法和技巧。

◎ 使用属性栏和工具栏进行填充

绘制一个图形，如图 3-36 所示。单击"交互式填充"工具 ，在属性栏中进行设置，如图 3-37 所示。按 Enter 键，效果如图 3-38 所示。

图 3-36　　　　　　图 3-37　　　　　　图 3-38

单击类型 线性 框，弹出其下拉选项，可以选择渐变的类型，辐射、圆锥和正方形的效果如图 3-39 所示。

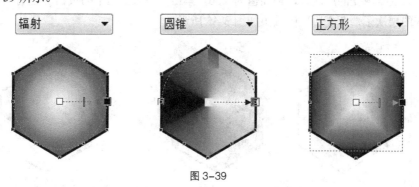

图 3-39

在属性栏中的 ■ 框是"填充下拉式"，用于选择渐变"起点"颜色， 框是"最终填充选择器"，用于选择渐变"终点"颜色。单击右侧的按钮 ▼，弹出调色板，如图 3-40 所示，可在其中选择渐变颜色。单击"其它"按钮，弹出"选择颜色"对话框，如图 3-41 所示，可在其中调配所需的渐变颜色。

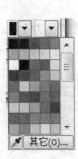
图 3-40

图 3-41

在属性栏中的 ⊹50 ⇲ % 框中输入数值后，按 Enter 键，可以更改渐变的中心点。设置不同的中心点后，渐变效果如图 3-42 所示。

在属性栏中的 ∠ 359.699 ▼▲ ° 框中输入数值后，按 Enter 键，可以设置渐变填充的角度。设置不同的角度后，渐变效果如图 3-43 所示。

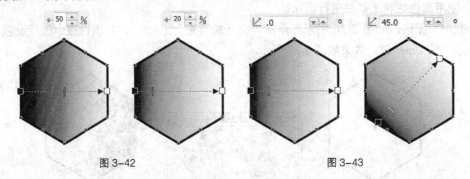
图 3-42   图 3-43

在属性栏中的 ∟0 ▼▲% 框中输入数值后，按 Enter 键，可以设置渐变填充的边缘宽度。设置不同的边缘宽度后，渐变效果如图 3-44 所示。

在属性栏中的 ⊿8 ⇲ 🔒 框中输入数值后，按 Enter 键，可以设置渐变的层次，系统根据可用资源的状况来决定渐变的层次数，最高值为 256。单击 ⊿256 ⇲ 🔒 框中的按钮 🔓 进行解锁后，就可以设置渐变的层次了，渐变层次的效果如图 3-45 所示。

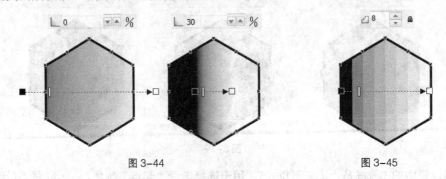
图 3-44   图 3-45

绘制一个图形,如图 3-46 所示。选择"交互式填充"工具 ,在起点颜色的位置单击并按住鼠标左键拖曳鼠标到适当的位置,松开鼠标左键,图形被填充了预设的颜色,效果如图 3-47 所示。在拖曳的过程中可以控制渐变的角度、渐变的边缘宽度等渐变属性。

拖曳起点颜色和终点颜色可以改变渐变的角度和边缘宽度,如图 3-48、图 3-49 所示。拖曳中间点可以调整渐变颜色的分布。

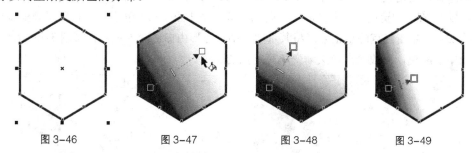

图 3-46　　　　　　图 3-47　　　　　　图 3-48　　　　　　图 3-49

拖曳渐变虚线,可以控制颜色渐变与图形之间的相对位置,不同的效果如图 3-50 所示。

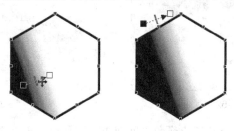

图 3-50

◎　使用"渐变填充"对话框填充

选择"填充"工具 ,展开工具栏中的"渐变填充对话框"工具 ,弹出"渐变填充"对话框,如图 3-51 所示。在对话框中的"颜色调和"设置区中可选择渐变填充的两种类型,即"双色"或"自定义"渐变填充。

"双色"渐变填充的对话框如图 3-51 所示,在对话框中的"预设"选项中包含了 CorelDRAW X5 预设的一些渐变效果。如果调配好一个渐变效果,可以单击"预设"选项右侧的按钮 ,将调配好的渐变效果添加到预设选项中,单击"预设"选项右侧的按钮 ,可以删除预设选项中的渐变效果。

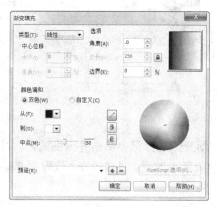

图 3-51

在"颜色调和"设置区的中部有 3 个按钮,可以用它们来确定颜色在"色轮"中所要遵循的路径。上方的按钮 ⚡ 表示由沿直线变化的色相和饱和度来决定中间的填充颜色，中间的按钮 ⑤ 表示以"色轮"中沿逆时针路径变化的色相和饱和度决定中间的填充颜色，下面的按钮 ⊘ 表示以"色轮"中沿顺时针路径变化的色相和饱和度决定中间的填充颜色。

在对话框中设置好渐变颜色后，单击"确定"按钮，完成图形的渐变填充。

单击选择"自定义"选项，如图 3-52 所示。在"颜色调和"设置区中，出现了"预览色带"和"调色板"，在"预览色带"上方的左右两侧各有一个小正方形，分别表示自定义渐变填充的起点和终点颜色。单击终点的小正方形将其选取，小正方形由白色变为黑色，如图 3-53 所示。再单击调色板中的颜色，可改变自定义渐变填充终点的颜色。

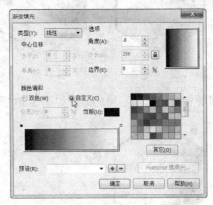

图 3-52   图 3-53

在"预览色带"上的起点和终点颜色之间双击，在预览色带上产生一个黑色倒三角形 ▼，也就是新增了一个渐变颜色标记，如图 3-54 所示。"位置"选项中显示的百分数就是当前新增渐变颜色标记的位置。"当前"选项中显示的颜色就是当前新增渐变颜色标记的颜色。

在"调色板"中单击需要的渐变颜色，"预览"色带上新增渐变颜色标记上的颜色将改变为需要的新颜色。"当前"选项中将显示新选择的渐变颜色，如图 3-55 所示。

图 3-54   图 3-55

在"预览色带"上的新增渐变颜色标记上单击并拖曳鼠标，可以调整新增渐变颜色的位置，"位置"选项中的百分数的数值将随着改变。直接改变"位置"选项中的百分数的数值也可以调整新增渐变颜色的位置，如图 3-56 所示。

使用相同的方法可以在预览色带上新增多个渐变颜色，制作出更符合设计需要的渐变效果，如图 3-57 所示。

 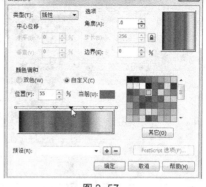

图 3-56　　　　　　　　　　　　　图 3-57

◎ **渐变填充对话框的样式**

直接使用已保存的渐变填充样式，是帮助用户节省时间、提高工作效率的好方法。下面介绍 CorelDRAW X5 中预设的渐变填充样式。

绘制一个图形，如图 3-58 所示。在"渐变填充"对话框中的"预设"选项中包含了 CorelDRAW X5 预设的一些渐变效果，如图 3-59 所示。

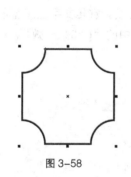 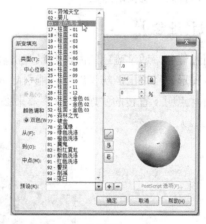

图 3-58　　　　　　　　　　　　　图 3-59

选择好一个预设的渐变效果，单击"确定"按钮，可以完成渐变填充。使用预设的渐变效果填充的各种渐变效果如图 3-60 所示。

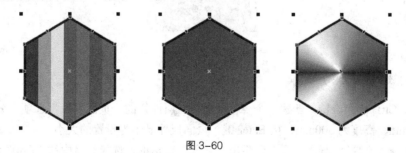

图 3-60

3.1.5　【实战演练】绘制化妆品包装

使用渐变填充工具制作化妆品的立体效果；使用文本工具输入说明文字；使用椭圆形工具

和透明度工具制作阴影。（最终效果参看光盘中的"Ch03 > 效果 > 绘制化妆品包装"，见图 3-61。）

图 3-61

3.2 / 绘制生态保护插画

3.2.1 【案例分析】

本例是为卡通书籍绘制的生态保护插画，主要介绍的是保护海洋珍稀动物。在插画绘制上要通过简洁的绘画语言突出宣传的主题。

3.2.2 【设计理念】

在设计绘制过程中，通过蓝色的海洋背景突出前方的宣传主体，展现出海洋的浩瀚、壮阔。形象生动的鲸鱼图形醒目突出，辨识度强，能引导人们的视线。宣传文字在深蓝色水花图形的衬托下，醒目突出，点明了宣传的主题。（最终效果参看光盘中的"Ch03 > 效果 > 绘制生态保护插画"，见图 3-62。）

图 3-62

3.2.3 【操作步骤】

步骤 1 按 Ctrl+N 组合键，新建一个 A4 页面。在属性栏的"页面度量"选项中分别设置宽度为 190mm、高度为 300mm、按 Enter 键，页面尺寸显示为设置的大小。

步骤 2 选择"文件 > 导入"命令，弹出"导入"对话框。选择光盘中的"Ch03 > 素材 > 绘制生态保护插画 > 01"文件，单击"导入"按钮。在页面中单击导入的图片，按 P 键，图片在页面居中对齐，效果如图 3-63 所示。选择"贝塞尔"工具 ，在页面中绘制一个不规则闭合图形，如图 3-64 所示。

图 3-63　　　　　　　　图 3-64

步骤 ③　选择"形状"工具 ，选取需要的节点，如图 3-65 所示。单击属性栏中的"转换为曲线"
　　　　按钮 ，节点上出现控制线，如图 3-66 所示，选取需要的控制线并将其拖曳到适当的位置，
　　　　效果如图 3-67 所示。用相同的方法调整右侧的节点到适当的位置，如图 3-68 所示。

步骤 ④　用相同的方法将其他节点转换为曲线，并分别调整其位置和弧度，效果如图 3-69 所示。
　　　　填充图形为黑色并去除图形的轮廓线，效果如图 3-70 所示。

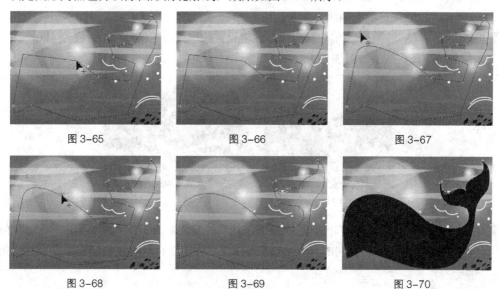

图 3-65　　　　　　　　　图 3-66　　　　　　　　　图 3-67

图 3-68　　　　　　　　　图 3-69　　　　　　　　　图 3-70

步骤 ⑤　选择"贝塞尔"工具 绘制一个图形。填充图形为白色并去除图形的轮廓线，效果如
　　　　图 3-71 所示。

步骤 ⑥　选择"贝塞尔"工具 绘制一个图形。设置填充颜色的 CMYK 值为 47、81、0、0，
　　　　填充图形并去除图形的轮廓线，效果如图 3-72 所示。

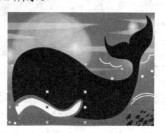

图 3-71　　　　　　　　图 3-72

步骤 ⑦　选择"2 点线"工具 绘制一条直线。设置轮廓线颜色的 CMYK 值为 78、23、0、0，

填充轮廓线,效果如图 3-73 所示。按 F12 组合键,弹出"轮廓笔"对话框,选项的设置如图 3-74 所示。单击"确定"按钮,效果如图 3-75 所示。用相同的方法绘制其他直线,并填充相同的颜色,效果如图 3-76 所示。

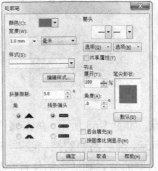
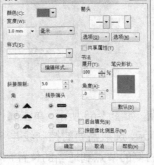

图 3-73　　　　　　　　　　图 3-74　　　　　　　　　　图 3-75　　　　　　　　　　图 3-76

步骤 8　选择"贝塞尔"工具 绘制一个图形。设置填充颜色的 CMYK 值为 79、26、0、0,填充图形并去除图形的轮廓线,效果如图 3-77 所示。

步骤 9　选择"贝塞尔"工具 绘制一条曲线。设置轮廓线颜色的 CMYK 值为 100、79、23、0,填充轮廓线,效果如图 3-78 所示。

图 3-77　　　　　　　　　　　　　　　　图 3-78

步骤 10　按 F12 组合键,弹出"轮廓笔"对话框,选项的设置如图 3-79 所示。单击"确定"按钮,效果如图 3-80 所示。用相同的方法绘制其他曲线,并填充相同的颜色,效果如图 3-81 所示。

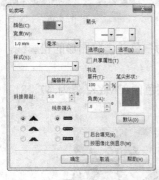

图 3-79　　　　　　　　　　图 3-80　　　　　　　　　　图 3-81

步骤 11　选择"选择"工具 ,将曲线图形同时选取。选择"效果 > 图框精确剪裁 > 放置在容器中"命令,鼠标指针变为黑色箭头,在蓝色不规则图形上单击,如图 3-82 所示。将曲线置入不规则图形中,效果如图 3-83 所示。多次按 Ctrl+PageDown 组合键将图形置后,效果如图 3-84 所示。

步骤 12 选择"文件 > 导入"命令,弹出"导入"对话框。选择光盘中的"Ch03 > 素材 > 绘制生态保护插画 > 02"文件,单击"导入"按钮。选择"选择"工具 ,在页面中单击导入的图片,将其拖曳到适当的位置,效果如图 3-85 所示。

图 3-82

图 3-83

图 3-84

图 3-85

步骤 13 选择"贝塞尔"工具 绘制一个图形。设置填充颜色的 CMYK 值为 100、78、22、0,填充图形并去除图形的轮廓线,效果如图 3-86 所示。

步骤 14 选择"贝塞尔"工具 绘制一个图形。设置填充颜色的 CMYK 值为 79、26、0、0,填充图形并去除图形的轮廓线,效果如图 3-87 所示。

图 3-86

图 3-87

步骤 15 选择"贝塞尔"工具 绘制一条曲线。设置轮廓线颜色的 CMYK 值为 100、79、23、0,填充轮廓线,效果如图 3-88 所示。

步骤 16 按 F12 组合键,弹出"轮廓笔"对话框,选项的设置如图 3-89 所示。单击"确定"按钮,效果如图 3-90 所示。用相同的方法绘制其他曲线,并填充相同的颜色,效果如图 3-91 所示。

图 3-88

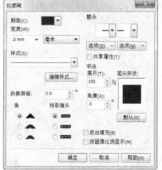
图 3-89

图 3-90

图 3-91

步骤 17 选择"选择"工具 ,将曲线图形同时选取。选择"效果 > 图框精确剪裁 > 放置在容器中"命令,鼠标指针变为黑色箭头,在蓝色不规则图形上单击,如图 3-92 所示。将曲线置入不规则图形中,效果如图 3-93 所示。

步骤 18 选择"文件 > 导入"命令,弹出"导入"对话框。选择光盘中的"Ch03 > 素材 > 绘制生态保护插画 > 03"文件,单击"导入"按钮。选择"选择"工具 ,在页面中单击导入的图片，将其拖曳到适当的位置，效果如图 3-94 所示。生态保护插画绘制完成。

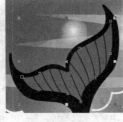

图 3-92　　　　　　　　图 3-93　　　　　　　　图 3-94

3.2.4 【相关工具】

1. 编辑曲线的节点

节点是构成图形对象的基本要素，用"形状"工具 选择曲线或图形对象后，会显示曲线或图形的全部节点。通过移动节点和节点的控制点、控制线可以编辑曲线或图形的形状，还可以通过增加和删除节点来进一步编辑曲线或图形。

绘制一条曲线，如图 3-95 所示。使用"形状"工具 ，单击选中曲线上的节点，如图 3-96 所示。弹出的属性栏如图 3-97 所示。

在属性栏中有 3 种节点类型：尖突节点、平滑节点和对称节点。节点类型的不同决定了节点控制点的属性也不同，单击属性栏中的按钮可以转换 3 种节点的类型。

尖突节点 ：尖突节点的控制点是独立的，当移动一个控制点时，另外一个控制点并不移动，从而使得通过尖突节点的曲线能够尖突弯曲。

平滑节点 ：平滑节点的控制点之间是相关的，当移动一个控制点时，另外一个控制点也会随之移动，通过平滑节点连接的线段将产生平滑的过渡。

对称节点 ：对称节点的控制点不仅是相关的，而且控制点和控制线的长度是相等的，从而使得对称节点两边曲线的曲率也是相等的。

图 3-95　　　　　　　　　　　　　　　图 3-96

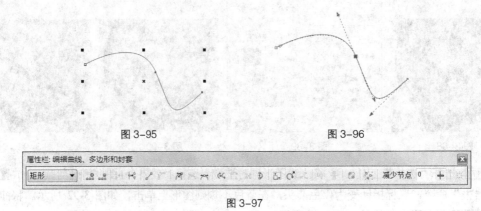

图 3-97

◎ 选取并移动节点

绘制一个图形，如图 3-98 所示。选择"形状"工具 ，单击鼠标左键选取节点，如图 3-99

所示。按住鼠标左键拖曳，节点被移动，如图 3-100 所示。松开鼠标左键，图形调整的效果如图 3-101 所示。

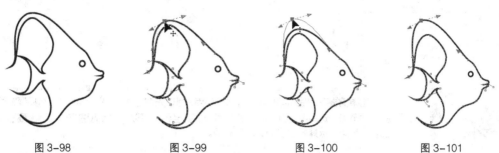

图 3-98   图 3-99   图 3-100   图 3-101

使用"形状"工具 ，选中并拖曳节点上的控制点，如图 3-102 所示。松开鼠标左键，图形调整的效果如图 3-103 所示。

使用"形状"工具 ，圈选图形上的部分节点，如图 3-104 所示。松开鼠标左键，图形被选中的部分节点如图 3-105 所示。拖曳任意一个被选中的节点，其他被选中的节点也会随之移动。

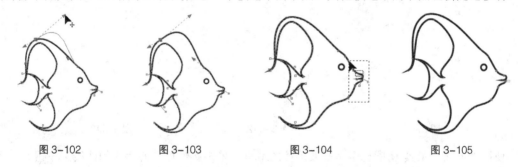

图 3-102   图 3-103   图 3-104   图 3-105

提 示　因为在 CorelDRAW X5 中有 3 种节点类型，所以当移动不同类型节点上的控制点时，图形的形状也会有不同形式的变化。

◎ **增加或删除节点**

绘制一个图形，如图 3-106 所示。使用"形状"工具 ，选择需要增加和删除节点的曲线，在曲线上要增加节点的位置双击鼠标左键，如图 3-107 所示，可以在这个位置增加一个节点，效果如图 3-108 所示。

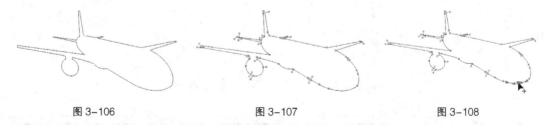

图 3-106   图 3-107   图 3-108

单击属性栏中的"添加节点"按钮 ，也可以在曲线上增加节点。

将鼠标指针放在要删除的节点上并双击鼠标左键，如图 3-109 所示，可以删除这个节点，效果如图 3-110 所示。

选中要删除的节点，单击属性栏中的"删除节点"按钮 ，也可以在曲线上删除选中的节点。

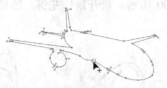

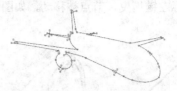

图 3-109   图 3-110

提 示　如果需要在曲线和图形中删除多个节点，可以先按住 Shift 键，再用鼠标选择要删除的多个节点，选择好后按 Delete 键就可以了。当然也可以使用圈选的方法选择需要删除的多个节点，选择好后按 Delete 键即可。

◎ **合并和连接节点**

使用"形状"工具 圈选两个需要合并的节点，如图 3-111 所示。两个节点被选中，如图 3-112 所示，单击属性栏中的"连接两个节点"按钮 将节点合并，使曲线成为闭合的曲线，如图 3-113 所示。

图 3-111   图 3-112   图 3-113

使用"形状"工具 圈选两个需要连接的节点，单击属性栏中的"闭和曲线"按钮 ，可以将两个节点以直线连接，使曲线成为闭合的曲线。

◎ **断开节点**

在曲线中要断开的节点上单击鼠标左键，选中该节点，如图 3-114 所示。单击属性栏中的"断开曲线"按钮 ，断开节点。选择"选择"工具 ，曲线效果如图 3-115 所示。选择并移动曲线，曲线的节点被断开，曲线变为两条。

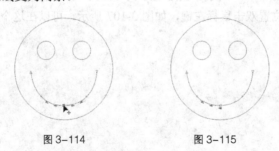

图 3-114   图 3-115

提 示　在绘制图形的过程中有时需要将开放的路径闭合。选择"排列 > 闭合路径"下的各个菜单命令，可以以直线或曲线方式闭合路径。

2. 编辑和修改几何图形

使用矩形、椭圆和多边形工具绘制的图形都是简单的几何图形。这类图形有其特殊的属性，图形上的节点比较少，只能对其进行简单的编辑。如果想对其进行更复杂的编辑，就需要将简单的几何图形转换为曲线。

◎ **使用"转换为曲线"按钮** ⊕

使用"椭圆形"工具 ○ 绘制一个椭圆形，效果如图 3-116 所示。在属性栏中单击"转换成曲线"按钮 ⊕，将椭圆图形转换成曲线图形，在曲线图形上增加了多个节点，如图 3-117 所示。使用"形状"工具 ⬚ 拖曳椭圆形上的节点，如图 3-118 所示。松开鼠标左键，调整后的图形效果如图 3-119 所示。

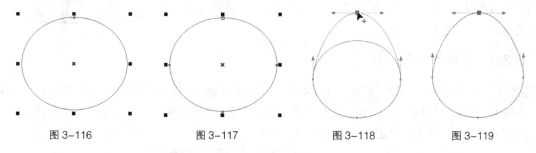

图 3-116　　　　　图 3-117　　　　　图 3-118　　　　　图 3-119

◎ **使用"转换直线为曲线"按钮** ⬚

使用"多边形"工具 ○ 绘制一个多边形，如图 3-120 所示。选择"形状"工具 ⬚，单击需要选中的节点，如图 3-121 所示。单击属性栏中的"转换直线为曲线"按钮 ⬚，将直线转换为曲线，在曲线上出现节点，图形的对称性被保持，如图 3-122 所示。使用"形状"工具 ⬚ 拖曳节点调整图形，如图 3-123 所示。松开鼠标左键，图形效果如图 3-124 所示。

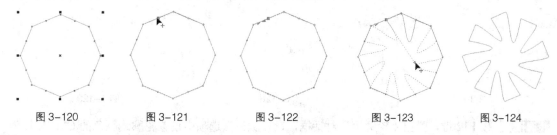

图 3-120　　　图 3-121　　　图 3-122　　　图 3-123　　　图 3-124

3.2.5　【实战演练】绘制耳机插画

使用矩形工具和图样填充工具绘制背景效果；使用贝塞尔工具绘制耳机线；使用 3 点椭圆形工具绘制耳麦；使用矩形工具和渐变填充工具制作装饰图形；使用文本工具添加文字。（最终效果参看光盘中的"Ch03 > 效果 > 绘制耳机插画"，见图 3-125。）

图 3-125

3.3 ／ 绘制卡通插画

3.3.1　【案例分析】

本案例是为儿童书籍绘制的卡通插画，主要介绍的是郊外的风景。在插画的绘制上要通过简洁的绘画语言表现出风清气爽、生机勃勃的自然风貌。

3.3.2 【设计理念】

在设计绘制过程中，通过素雅的背景营造出清新自然的气氛，给人柔和宁静的安心感。蘑菇和小草等动植物的添加展现出一片生意昂然的景象，凸显出清新和活力感。整个画面自然和谐，生动且富有变化。（最终效果参看光盘中的"Ch03 > 效果 > 绘制卡通插画"，见图 3-126。）

图 3-126

3.3.3 【操作步骤】

步骤 1 按 Ctrl+N 组合键，新建一个 A4 页面。选择"矩形"工具 ▫ 绘制一个矩形图形，如图 3-127 所示。选择"Post Script"工具 ▣ ，弹出"Post Script 底纹"对话框，选项的设置如图 3-128 所示。单击"确定"按钮，效果如图 3-129 所示。

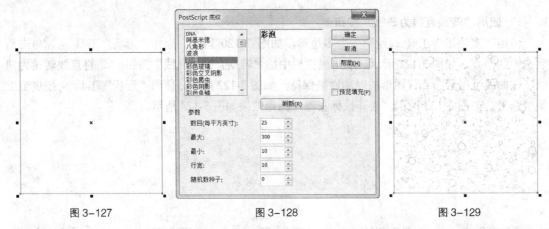

图 3-127　　　　　　　　　图 3-128　　　　　　　　　图 3-129

步骤 2 按 F12 键，弹出"轮廓笔"对话框，在"颜色"选项中设置轮廓线颜色的 CMYK 值为 0、0、0、20，其他选项的设置如图 3-130 所示。单击"确定"按钮，效果如图 3-131 所示。

步骤 3 按 Ctrl+I 组合键，弹出"导入"对话框。选择光盘中的"Ch03 > 素材 > 绘制卡通插画 > 01"文件，单击"导入"按钮。选择"选择"工具 ▸ ，在页面中单击导入的图片，将其拖曳到适当的位置，效果如图 3-132 所示。

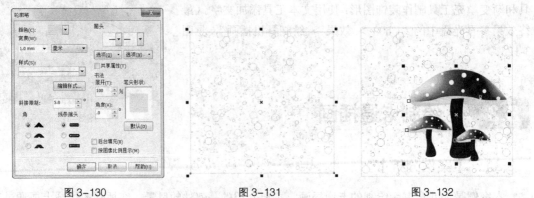

图 3-130　　　　　　　　　图 3-131　　　　　　　　　图 3-132

步骤 4 选择"贝塞尔"工具 绘制一个图形，如图 3-133 所示。按 F11 键，弹出"渐变填充"对话框。单击"双色"单选钮，将"从"选项颜色的 CMYK 值设置为 40、0、89、0，"到"选项颜色的 CMYK 值设置为 84、55、100、26，其他选项的设置如图 3-134 所示。单击"确定"按钮，填充图形并去除图形的轮廓线，效果如图 3-135 所示。

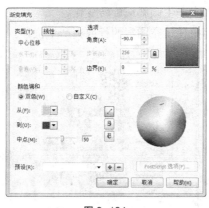

图 3-133 　　　　　　　　　　　图 3-134 　　　　　　　　　　　图 3-135

步骤 5 按 Ctrl+I 组合键，弹出"导入"对话框。选择光盘中的"Ch03 > 素材 > 绘制卡通插画 > 02"文件，单击"导入"按钮。选择"选择"工具 ，在页面中单击导入的图片，将其拖曳到适当的位置，效果如图 3-136 所示。按 Ctrl+PageDown 组合键将图形置后一层，效果如图 3-137 所示。

步骤 6 按 Ctrl+I 组合键，弹出"导入"对话框。选择光盘中的"Ch03 > 素材 > 绘制卡通插画 > 03"文件，单击"导入"按钮。选择"选择"工具 ，在页面中单击导入的图片，将其拖曳到适当的位置，效果如图 3-138 所示。

步骤 7 选择"文本"工具 ，输入需要的文字。选择"选择"工具 ，在属性栏中选择合适的字体并设置文字大小，效果如图 3-139 所示。卡通插画绘制完成。

图 3-136 　　　　　　图 3-137 　　　　　　图 3-138 　　　　　　图 3-139

3.3.4 【相关工具】

1. "图案填充"对话框

选择"填充"工具 ，展开工具栏中的"图样填充对话框"工具 ，弹出"图样填充"对话框，在对话框中有"双色"、"全色"和"位图"3 种图样填充方式的选项，如图 3-140 所示。

双色：用两种颜色构成的图案来填充，也就是通过设置前景色和背景色的颜色来填充。

全色：图案由矢量和线描样式图像来生成。

位图：使用位图图片进行填充。

"装入"按钮：可载入已有图片。

"创建"按钮：弹出"双色图案编辑器"对话框，单击鼠标左键绘制图案。

"大小"选项组：用来设置平铺图案的尺寸大小。

"变换"选项组：用来使图案产生倾斜或旋转变化。

"行或列位移"选项组：用来使填充图案的行或列产生位移。

 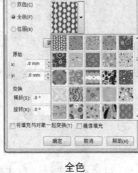 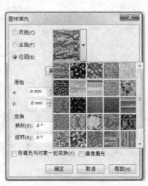

双色　　　　　　　　全色　　　　　　　　位图

图 3-140

2. "底纹填充"对话框

底纹填充是随机产生的填充，它使用小块的位图填充图形，可以给图形一个自然的外观。底纹填充只能使用 RGB 颜色，所以在打印输出时可能会与屏幕显示的颜色有差别。

选择"填充"工具 ，展开工具栏中的"底纹填充对话框"工具 ，弹出"底纹填充"对话框。

在对话框中，CorelDRAW X5 的底纹库提供了多个样本组和几百种预设的底纹填充图案，如图 3-141 所示。

在对话框中的"底纹库"选项的下拉列表中可以选择不同的样本组。CorelDRAW X5 底纹库提供了 9 个样本组。选择样本组后，在下面的"底纹列表"中，显示出样本组中的多个底纹的名称，单击选中一个底纹样式，下面的"预览"框中显示出底纹的效果。

图 3-141

绘制一个图形，在"底纹列表"中选择需要的底纹效果，单击"确定"按钮，可以将底纹填充到图形对象中。几个填充不同底纹的图形效果如图 3-142 所示。

图 3-142

在对话框中更改参数可以制作出新的底纹效果。在选择一个底纹样式名称后，在"样式名称"设置区中就包含了对应于当前底纹样式的所有参数。选择不同的底纹样式会有不同的参数内容。在每个参数选项的后面都有一个 按钮，单击它可以锁定或解锁每个参数选项，当单击"预览"按钮时，解锁的每个参数选项会随机发生变化，同时会使底纹图案发生变化。每单击一次"预览"按钮，就会产生一个新的底纹图案，效果如图 3-143 所示。

在每个参数选项中输入新的数值，可以产生新的底纹图案。设置好后，可以用 按钮锁定参数。

制作好一个底纹图案后，可以进行保存。单击"底纹库"选项右侧的 按钮，弹出"保存底纹为"对话框，如图 3-144 所示。在对话框的"底纹名称"选项中输入名称，在"库名称"选项中指定样式组，设置好参数后，单击"确定"按钮，将制作好的底纹图案保存。需要使用时可以直接在"底纹库"中调用。

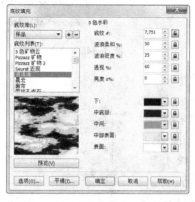

图 3-143   图 3-144

在"底纹库"的样式组中选中要删除的底纹图案，单击"底纹库"选项右侧的 按钮，弹出"底纹填充"提示框，如图 3-145 所示，单击"确定"按钮，将选中的底纹图案删除。

在"底纹填充"对话框中，单击"选项"按钮，弹出"底纹选项"对话框，如图 3-146 所示。

图 3-145   图 3-146

在对话框中的"位图分辨率"选项中可以设置位图分辨率的大小。

在"底纹尺寸限度"设置区中可以设置"最大平铺宽度"的大小。"最大位图尺寸"将根据位图分辨率和最大平铺宽度的大小，由软件本身计算出来。

位图分辨率和最大平铺宽度越大，底纹所占用的系统内存就越多，填充的底纹图案就越精细。最大位图尺寸值越大，底纹填充所占用的系统资源就越多。

在"底纹填充"对话框中，单击"平铺"按钮，弹出"平铺"对话框，如图 3-147 所示。在对话框中可以设置底纹的"原始"、"大小"、"变换"和"行或列位移"选项，也可以选择"将填充与对象一起变换"复选框和"镜像填充"复选框。

选择"交互式填充"工具 ，弹出其属性栏，选择"底纹填充"选项，单击属性栏中的"填充下拉式"图标 ，在弹出的"填充底纹"下拉列表中可以选择底纹填充的样式，如图 3-148 所示。

> **提 示** 底纹填充会增加文件的大小，并使操作的时间增长，在对大型的图形对象使用底纹填充时要慎重。

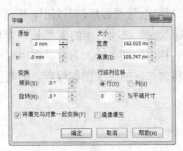

图 3-147

图 3-148

3. PostScript 填充

PostScript 填充是利用 PostScript 语言设计出来的一种特殊的图案填充。PostScript 图案是一种特殊的图案，只有在"增强"视图模式下，PostScript 填充的底纹才能显示出来。下面介绍 PostScript 填充的方法和技巧。

选择"填充"工具 展开工具栏中的"PostScript 填充"工具 ，弹出"PostScript 底纹"对话框，在对话框中，CorelDRAW X5 提供了多个 PostScript 底纹图案，如图 3-149 所示。

在对话框中，单击"预览填充"复选框，不需要打印就可以看到 PostScript 底纹的效果。在左上方的列表框中提供了多个 PostScript 底纹，选择一个 PostScript 底纹，在下面的"参数"设置区中会出现所选 PostScript 底纹的参数。不同的 PostScript 底纹会有相对应的不同参数。

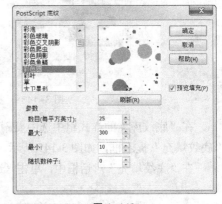

图 4-149

在"参数"设置区的各个选项中输入需要的数值，可以改变选择的 PostScript 底纹，产生新的 PostScript 底纹效果，如图 3-150 所示。

选择"交互式填充"工具 ，弹出其属性栏，选择"PostScript 填充"选项，在属性栏中可以选择多种 PostScript 底纹填充的样式对图形对象进行填充，如图 3-151 所示。

图 3-150

图 3-151

3.3.5　【实战演练】绘制时尚插画

　　使用底纹填充工具制作背景效果；使用贝塞尔工具和渐变填充工具绘制装饰图形；使用文本工具添加文字。（最终效果参看光盘中的"Ch03 > 效果 > 绘制时尚插画"，见图 3-152。）

图 3-152

3.4　综合演练——绘制风景画

3.4.1　【案例分析】

　　本案例是为少儿书籍绘制的卡通插画，插画要求符合儿童书籍的定位要求，适合儿童的审美眼光，有趣味感。

3.4.2　【设计理念】

　　在设计制作过程中，主要以野外的美丽风景为主，蓝天、绿草、鲜花、树木在画面中清晰可见，展现出春意盎然的景色；使用鲜艳明亮的色彩拉近与读者的距离，给人自然、清新的印象；丰富的用色，鲜明的色彩对比，在吸引儿童的注意力的同时，增强了画面的层次感。

3.4.3　【知识要点】

　　使用贝塞尔工具和椭圆形工具绘制出风景插画的背景和云图形；使用基本形状工具绘制花朵图形；使用艺术笔工具绘制出草图形；使用贝塞尔工具绘制出房子图形。（最终效果参看光盘中的"Ch03 > 效果 > 绘制风景画"，见图 3-153。）

图 3-153

3.5　综合演练——绘制风景插画

3.5.1　【案例分析】

本案例是为故事书籍绘制的插画，插画设计要求符合故事内容，具有童话般的奇妙效果，并且充满戏剧性。

3.5.2　【设计理念】

在设计制作过程中，使用夸张的圆形拱坡、活泼丰富的图案展现出独具特色的插画效果，在突出主体的同时，加深人们对插画的印象；山顶的树木和整幅图形形成鲜明的对比，形成滑稽可爱的视觉效果，给人亲近感；亮丽的画面与背景的蓝色形成对比，增强了画面的层次感，使整幅插画具有戏剧效果，让人心情愉快。

3.5.3　【知识要点】

使用矩形工具、贝塞尔工具和渐变填充工具绘制背景效果；使用贝塞尔工具、椭圆形工具和底纹填充工具绘制装饰图形；使用椭圆形工具、贝塞尔工具和合并命令绘制树木图形。（最终效果参看光盘中的"Ch03＞ 效果 ＞ 绘制风景插画"，见图3-154。）

图 3-154

第4章 书籍装帧设计

精美的书籍装帧设计可以使读者享受到阅读的愉悦。书籍装帧整体设计所考虑的项目包括开本设计、封面设计、版本设计、使用材料等内容。本章以多个类别的书籍封面为例，介绍书籍封面的设计方法和制作技巧。

课堂学习目标

- 了解书籍装帧设计的概念
- 了解书籍装帧的主体设计要素
- 掌握书籍封面的设计思路和过程
- 掌握书籍封面的制作方法和技巧

4.1 制作传统文字书籍封面

4.1.1 【案例分析】

本案例制作的是一本传统文字书籍的装帧设计。书的内容是对动物折纸方法的讲解。在封面设计上要用最形象、最易被视觉接受的形式展现出书籍的相关知识。整体设计要求构思新颖，有感染力。

4.1.2 【设计理念】

在设计制作过程中，使用浅灰色的背景搭配精美的花纹图形，给人传统和精美的感觉。左上方蓝色和红色的仙鹤折纸造型形象生动，使整个版面丰富多彩，起到了宣传的作用。浅色的文字在深色的几何图形的衬托下醒目突出，增加了视觉辨识度。（最终效果参看光盘中的"Ch04 > 效果 > 制作传统文字书籍封面，见图4-1。）

图4-1

4.1.3 【操作步骤】

步骤 1 按 Ctrl+N 组合键，新建一个页面。在属性栏的"页面度量"选项中分别设置宽度为 187mm、高度为 260mm，按 Enter 键，页面尺寸显示为设置的大小。双击"矩形"工具 ，绘制一个与页面大小相等的矩形，如图4-2所示。

步骤 2 选择"渐变填充"工具 ■，弹出"渐变填充"对话框，单击"自定义"单选钮，在"位置"选项中分别添加并输入 0、28、50、73、100 几个位置点，单击右下角的"其它"按钮，分别设置几个位置点颜色的 CMYK 值为 0（0、0、10、20）、28（0、0、4、7）、50（0、0、0、0）、73（0、0、3、6）、100（0、0、10、20），其他选项的设置如图 4-3 所示，单击"确定"按钮，填充图形，并去除图形的轮廓线，效果如图 4-4 所示。

图 4-2   图 4-3   图 4-4

步骤 3 按 Ctrl+I 组合键，弹出"导入"对话框。选择光盘中的"Ch04 > 素材 > 制作传统文字书籍封面 > 01"文件，单击"导入"按钮。在页面中单击导入的图片，将其拖曳到适当的位置，效果如图 4-5 所示。选择"效果 > 调整 > 调和曲线"命令，在弹出的对话框中进行设置，如图 4-6 所示，单击"确定"按钮，效果如图 4-7 所示。

步骤 4 选择"选择"工具 ▶，按两次数字键盘上的+键复制图形，分别拖曳复制的图形到适当的位置并调整其大小，效果如图 4-8 所示。

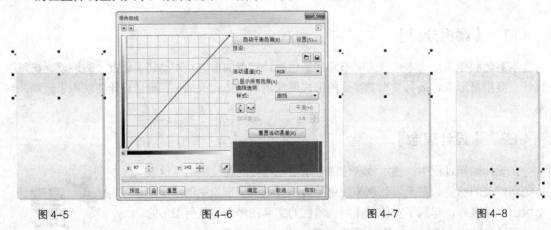

图 4-5   图 4-6   图 4-7   图 4-8

步骤 5 选择"选择"工具 ▶，按住 Shift 键的同时将需要的图形同时选取，如图 4-9 所示。选择"效果 > 图框精确剪裁 > 放置在容器中"命令，鼠标指针变为黑色箭头，在背景图形上单击，如图 4-10 所示，将图片置入背景中，效果如图 4-11 所示。

步骤 6 选择"矩形"工具 □ 绘制一个矩形。设置图形颜色的 CMYK 值为 85、78、70、40，填充图形并去除图形的轮廓线，效果如图 4-12 所示。选择"选择"工具 ▶，按 3 次数字键盘上的+键复制图形，分别拖曳复制的图形到适当的位置并调整其大小，效果如图 4-13 所示。

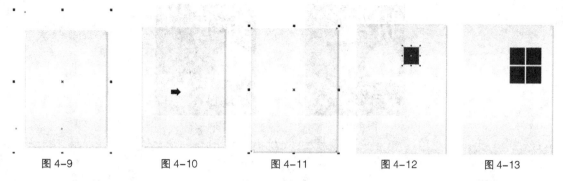

图 4-9　　　　　图 4-10　　　　　图 4-11　　　　　图 4-12　　　　　图 4-13

步骤 7　选择"选择"工具 ，选择需要的图形，如图 4-14 所示。单击属性栏中的"倒棱角"按钮 ，其他选项的设置如图 4-15 所示。按 Enter 键，效果如图 4-16 所示。

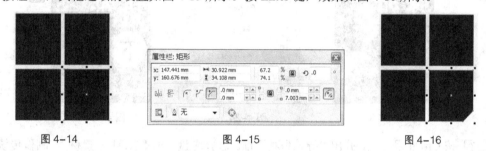

图 4-14　　　　　　　　　　　图 4-15　　　　　　　　　　　图 4-16

步骤 8　选择"文本"工具 ，分别输入需要的文字。选择"选择"工具 ，在属性栏中选取适当的字体并设置文字大小，填充文字为白色，效果如图 4-17 所示。

步骤 9　选择"文本"工具 ，输入需要的文字。选择"选择"工具 ，在属性栏中选取适当的字体并设置文字大小，填充文字为白色，效果如图 4-18 所示。选择"文本 > 段落格式化"命令，在弹出的面板中进行设置，如图 4-19 所示。按 Enter 键，效果如图 4-20 所示。

图 4-17　　　　　图 4-18　　　　　图 4-19　　　　　图 4-20

步骤 10　选择"椭圆形"工具 绘制一个椭圆形，填充图形为白色并去除图形的轮廓线，效果如图 4-21 所示。选择"文本"工具 ，输入需要的文字。选择"选择"工具 ，在属性栏中选取适当的字体并设置文字大小。设置文字颜色的 CMYK 值为 85、78、70、40，填充文字，效果如图 4-22 所示。

步骤 11　选择"文本"工具 ，输入需要的文字。选择"选择"工具 ，在属性栏中选取适当的字体并设置文字大小，填充文字为白色，效果如图 4-23 所示。在"段落格式化"面板中进行设置，如图 4-24 所示。按 Enter 键，效果如图 4-25 所示。

图 4-21

图 4-22

图 4-23

图 4-24

图 4-25

步骤 12 按 Ctrl+I 组合键，弹出"导入"对话框。选择光盘中的"Ch04 > 素材 > 制作传统文字书籍封面 > 02"文件，单击"导入"按钮。在页面中单击导入的图片，将其拖曳到适当的位置，效果如图 4-26 所示。

步骤 13 选择"效果 > 调整 > 色度/饱和度/亮度"命令，在弹出的对话框中进行设置，如图 4-27 所示。单击"确定"按钮，效果如图 4-28 所示。

图 4-26

图 4-27

图 4-28

步骤 14 选择"阴影"工具 ，在图形中从上向下拖曳光标，为图形添加阴影效果。在属性栏中进行设置，如图 4-29 所示。按 Enter 键，效果如图 4-30 所示。

步骤 15 按 Ctrl+I 组合键，弹出"导入"对话框。选择光盘中的"Ch04> 素材 > 制作传统文字书籍封面 > 02"文件，单击"导入"按钮。在页面中单击导入的图片，调整其大小并将其拖曳到适当的位置，效果如图 4-31 所示。

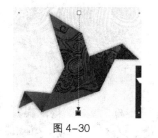

图 4-29   图 4-30   图 4-31

步骤 16 选择"贝塞尔"工具 ，绘制一条直线，如图 4-32 所示。选择"文本"工具 ，输入需要的文字。选择"选择"工具 ，在属性栏中选取适当的字体并设置文字大小，效果如图 4-33 所示。

图 4-32   图 4-33

步骤 17 在"段落格式化"面板中进行设置，如图 4-34 所示。按 Enter 键，效果如图 4-35 所示。选择"文本"工具 ，输入需要的文字。选择"选择"工具 ，在属性栏中选取适当的字体并设置文字大小，效果如图 4-36 所示。

图 4-34   图 4-35   图 4-36

4.1.4 【相关工具】

1. 输入横排文字和直排文字

选中文本，如图 4-37 所示。在"文本"属性栏中，单击"将文本更高为水平方向"按钮 或"将文本更改为垂直方向"按钮 ，可以水平或垂直排列文本，效果如图 4-38 所示。

选择"文本 > 段落格式化"命令，弹出"段落格式化"对话框，在"文字方向"设置区的"方向"选项中选择文本的排列方向，如图 4-39 所示，设置好后，可以改变文本的排列方向。

中等职业教育数字艺术类规划教材

图 4-37

图 4-38

图 4-39

2. 导入位图

选择"文件 > 导入"命令，或按 Ctrl+I 组合键，弹出"导入"对话框，在对话框中的"查找范围"列表框中选择需要的文件夹，在文件夹中选中需要的位图文件，如图 4-40 所示。

选中需要的位图文件后，单击"导入"按钮，鼠标指针变为 形状，如图 4-41 所示。在绘图页面中单击鼠标左键，位图被导入到绘图页面中，如图 4-42 所示。

图 4-40

图 4-41

图 4-42

3. 转换为位图

CorelDRAW X5 提供了将矢量图形转换为位图的功能。下面介绍具体的操作方法。

打开一个矢量图形并保持其选取状态，选择"位图 > 转换为位图"命令，弹出"转换为位图"对话框，如图 4-43 所示。

分辨率：在弹出的下拉列表中选择要转换为位图的分辨率。

颜色模式：在弹出的下拉列表中选择要转换的色彩模式。

光滑处理：可以在转换成位图后消除位图的锯齿。

透明背景：可以在转换成位图后保留原对象的通透性。

4. 调整位图的颜色

CorelDRAW X5 可以对导入的位图进行颜色的调整，下面介绍具体的操作方法。

图 4-43

选中导入的位图，选择"效果 > 调整"子菜单下的命令，如图 4-44 所示，选择其中的命令，在弹出的对话框中可以对位图的颜色进行各种方式的调整。

选择"效果 > 变换"子菜单下的命令，如图 4-45 所示，在弹出的对话框中也可以对位图的颜色进行调整。

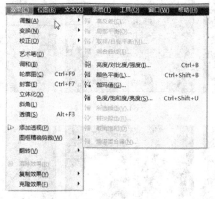

图 4-44   图 4-45

5. 位图色彩模式

位图导入后，选择"位图 > 模式"子菜单下的各种色彩模式，可以转换位图的色彩模式，如图 4-46 所示。不同的色彩模式会以不同的方式对位图的颜色进行分类和显示。

◎ **黑白模式**

选中导入的位图，选择"位图 > 模式 > 黑白"命令，弹出"转换为 1 位"对话框，如图 4-47 所示。

在对话框上方的导入位图预览框上单击鼠标左键，可以放大预览图像，单击鼠标右键，可以缩小预览图像。

在对话框"转换方法"列表框上单击鼠标左键，弹出下拉列表，可以在下拉列表中选择其他的转换方法。拖曳"选项"设置区中的"强度"滑块，可以设置转换的强度。

图 4-46   图 4-47

在对话框"转换方法"列表框的下拉列表选择不同的转换方法，可以使黑白位图产生不同的效果。设置完毕，单击"预览"按钮，可以预览设置的效果，单击"确定"按钮，效果如图 4-48 所示。

| (a) 原图效果 | (b) 线条图 | (c) 顺序 | (d) Jarvis |

| (e) Stucki | (f) Floyd-Steinberg | (g) 半色调 | (h) 基数分布 |

图 4-48

 提 示 "黑白"模式只能用 1bit 的位分辨率来记录它的每一个像素，而且只能显示黑白两色，所以是最简单的位图模式。

◎ **灰度模式**

选中导入的位图，如图 4-49 所示。选择"位图 > 模式 > 灰度"命令，位图将转换为 256 灰度模式，如图 4-50 所示。

图 4-49 图 4-50

位图转换为 256 灰度模式后，效果和黑白照片的效果类似，位图被不同灰度填充并失去了所有的颜色。

◎ **双色模式**

选中导入的位图，如图 4-51 所示。选择"位图 > 模式 > 双色"命令，弹出"双色调"对话框，如图 4-52 所示。

在对话框中"类型"选项的列表框上单击鼠标左键，弹出下拉列表，可以在下拉列表中选择其他的色调模式。

图 4-51

图 4-52

单击"装入"按钮，在弹出的对话框中可以将原来保存的双色调效果载入。单击"保存"按钮，在弹出的对话框中可以将设置好的双色调效果保存。

拖曳右侧显示框中的曲线，可以设置双色调的色阶变化。

在双色调的色标 PANTONE Process Yellow C 上双击鼠标左键，如图 4-53 所示，弹出"选择颜色"对话框。在"选择颜色"对话框中选择要替换的颜色，如图 4-54 所示。单击"确定"按钮，将双色调的颜色替换，如图 4-55 所示。

设置完毕，单击"预览"按钮，可以预览双色调设置的效果；单击"确定"按钮，双色调位图的效果如图 4-56 所示。

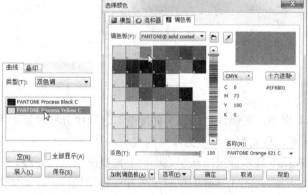

图 4-53　　　　　　　图 4-54　　　　　　　图 4-55

图 4-56

4.1.5 【实战演练】制作散文诗书籍封面

使用矩形工具绘制背景效果；使用导入命令导入黑白照片；使用文本工具添加文字效果；使用对齐命令编辑文字。（最终效果参看光盘中的"Ch04 > 效果 > 制作散文诗书籍封面"，见图 4-57。）

图 4-57

4.2　制作古物鉴赏书籍封面

4.2.1　【案例分析】

本案例是一本鉴赏类书籍的封面设计。书中对古代物品进行了详细的讲解。在封面设计上要通过对书名的设计和古物图片的编排，彰显出古物的独特魅力。

4.2.2　【设计理念】

在设计过程中，背景效果使用传统的花纹图形和古物图片相互呼应，展现出古物独特的魅力。使用简单的文字变化，使读者的视线都集中在书名上，达到宣传的效果；在封底和书脊的设计上使用文字和图形组合的方式，增加读者对古物鉴赏的兴趣，增强读者的购书欲望。（最终效果参看光盘中的"Ch04 > 效果 > 制作古物鉴赏书籍封面"，见图 4-58。）

图 4-58

4.2.3　【操作步骤】

1. 制作书籍背景效果

步骤 1　按 Ctrl+N 组合键，新建一个 A4 页面。在属性栏的"页面度量"选项中分别设置宽度为 434mm、高度为 260mm，按 Enter 键，页面尺寸显示为设置的大小。

步骤 2　选择"视图 > 标尺"命令，在视图中显示标尺，从左边标尺上拖曳出一条辅助线，并将其拖曳到 202mm 的位置。用相同的方法，在 232mm 的位置上添加一条辅助线，效果如图 4-59 所示。

步骤 3　选择"矩形"工具 □，在页面右侧绘制一个矩形。设置图形颜色的 CMYK 值为 24、25、45、10，填充图形并去除图形的轮廓线，效果如图 4-60 所示。

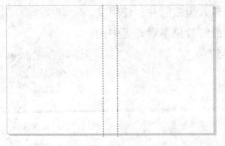

图 4-59

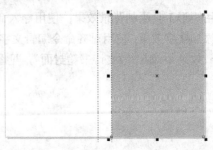

图 4-60

步骤 **4** 选择"矩形"工具 □，在页面中绘制一个矩形。设置图形颜色的 CMYK 值为 4、7、20、0，填充图形并去除图形的轮廓线，效果如图 4-61 所示。

步骤 **5** 选择"矩形"工具 □，在页面中再绘制一个矩形。设置图形颜色的 CMYK 值为 9、12、31、0，填充图形并去除图形的轮廓线，效果如图 4-62 所示。

图 4-61　　　　　　　　　　　　图 4-62

步骤 **6** 选择"选择"工具 ▯，选取右侧的矩形，按数字键盘上的+键复制图形，如图 4-63 所示。选择"图样填充"工具 ▦，弹出"图样填充"对话框，单击"全色"单选钮，单击图案右侧的按钮，在弹出的面板中选择需要的图样，如图 4-64 所示。将"大小"选项组中的"宽度"和"高度"选项设为 50mm，单击"确定"按钮，效果如图 4-65 所示。

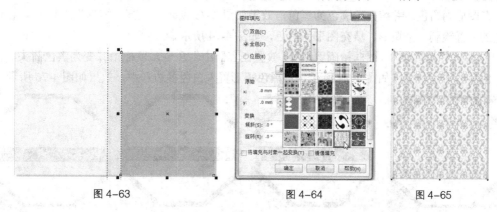

图 4-63　　　　　　　　　图 4-64　　　　　　　　图 4-65

步骤 **7** 选择"透明度"工具 ▩，在属性栏中的"透明度类型"选项中选择"标准"，其他选项的设置如图 4-66 所示。按 Enter 键，效果如图 4-67 所示。选择"选择"工具 ▯ 选取透明图形，按数字键盘上的+键复制图形，并将其拖曳到适当的位置，效果如图 4-68 所示。选择"透明度"工具 ▩，在属性栏中将"透明度"操作选项设为"亮度"，按 Enter 键，效果如图 4-69 所示。

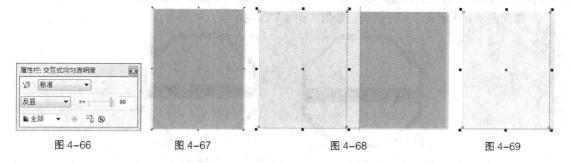

图 4-66　　　　　图 4-67　　　　　　　　图 4-68　　　　　　　图 4-69

中等职业教育数字艺术类规划教材

2. 制作书籍正面图形

步骤 1 选择"矩形"工具 □，在页面右侧绘制一个矩形。设置图形颜色的 CMYK 值为 60、79、89、45，填充图形并去除图形的轮廓线，效果如图 4-70 所示。选择"多边形"工具 ○，在属性栏中的"点数或边数" ○5 框中设置数值为 8，在页面中绘制图形，填充与矩形相同的颜色，去除图形的轮廓线，效果如图 4-71 所示。在属性栏中的"旋转角度" ○.0 框中设置数值为 20.8，按 Enter 键，并拖曳图形到适当的位置，效果如图 4-72 所示。

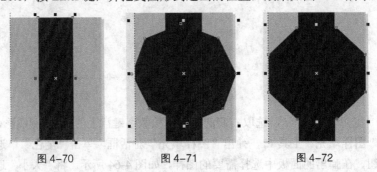

图 4-70　　　　　　　图 4-71　　　　　　　图 4-72

步骤 2 选择"选择"工具 ↳ 选取多边形，按数字键盘上的+键复制图形，等比例缩小图形，填充图形为白色，并填充轮廓色为黑色，效果如图 4-73 所示。选择"矩形"工具 □，在适当的位置绘制一个矩形，填充图形为黑色，如图 4-74 所示。

步骤 3 选择"效果 > 图框精确剪裁 > 放置在容器中"命令，鼠标指针变为黑色箭头，在白色多边形上单击，如图 4-75 所示，将黑色矩形置入白色多边形中，效果如图 4-76 所示。

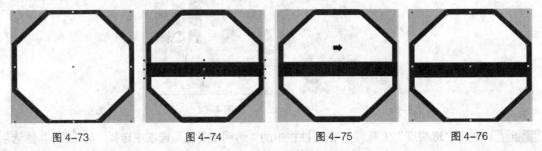

图 4-73　　　　　　图 4-74　　　　　　图 4-75　　　　　　图 4-76

步骤 4 按 Ctrl+I 组合键，弹出"导入"对话框。选择光盘中的"Ch04 > 素材 > 制作古物鉴赏书籍封面 > 01"文件，单击"导入"按钮。在页面中单击导入的图片，拖曳图片到适当的位置，如图 4-77 所示。

步骤 5 选择"贝塞尔"工具 ↘ 绘制一个图形，设置图形颜色的 CMYK 值为 61、56、85、13，填充图形并去除图形的轮廓线，效果如图 4-78 所示。

图 4-77　　　　　　　图 4-78

步骤 6 按 Ctrl+I 组合键，弹出"导入"对话框。选择光盘中的"Ch04 > 素材 > 制作古物鉴赏书籍封面 > 02"文件，单击"导入"按钮。在页面中单击导入的图片，拖曳图片到适当的位置，如图 4-79 所示。按 Ctrl+PageDown 组合键将其后移一位，如图 4-80 所示。选择"效果 > 图框精确剪裁 > 放置在容器中"命令，鼠标指针变为黑色箭头，在刚绘制的图形上单击，如图 4-81 所示，将图片置入刚绘制的图形中，效果如图 4-82 所示。

 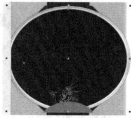  

图 4-79   图 4-80   图 4-81   图 4-82

步骤 7 选择"选择"工具，按数字键盘上的+键复制图形，单击属性栏中的"垂直镜像"按钮；垂直翻转复制的图像，如图 4-83 所示。按住 Shift 键的同时将其垂直向上拖曳到适当的位置，如图 4-84 所示。使用复制和镜像命令制作出其他两个效果，如图 4-85 所示。

 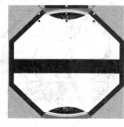 

图 4-83   图 4-84   图 4-85

步骤 8 选择"椭圆形"工具，按住 Ctrl 键的同时在适当的位置绘制圆形，填充圆形为白色，设置圆形轮廓色的 CMYK 值为 60、79、89、45，填充轮廓线。在属性栏中的"轮廓宽度"框中设置数值为 3pt，按 Enter 键，效果如图 4-86 所示。

步骤 9 按 Ctrl+I 组合键，弹出"导入"对话框。选择光盘中的"Ch04 > 素材 > 制作古物鉴赏书籍封面 > 03"文件，单击"导入"按钮。在页面中单击导入的图片，拖曳图片到适当的位置，如图 4-87 所示。按 Ctrl+PageDown 组合键将其后移一位，如图 4-88 所示。选择"效果 > 图框精确剪裁 > 放置在容器中"命令，鼠标指针变为黑色箭头，在圆形上单击，将图片置入刚绘制的圆形中，效果如图 4-89 所示。

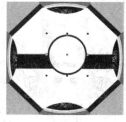   

图 4-86   图 4-87   图 4-88   图 4-89

步骤 10 按 Ctrl+I 组合键，弹出"导入"对话框。选择光盘中的"Ch04 > 素材 > 制作古物鉴赏书籍封面 > 04"文件，单击"导入"按钮。在页面中单击导入的图片，拖曳图片到适当的位置，如图 4-90 所示。

步骤 11　选择"阴影"工具 ，在图片上由下向右上方拖曳阴影，添加阴影效果。在属性栏中进行设置，如图 4-91 所示。按 Enter 键，效果如图 4-92 所示。

图 4-90

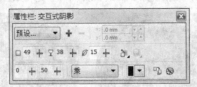
图 4-91

图 4-92

步骤 12　选择"文本"工具 ，在适当的位置分别输入需要的文字。选择"选择"工具 ，分别在属性栏中选择合适的字体并设置适当的文字大小。设置文字颜色的 CMYK 值为 60、79、89、55，填充文字，如图 4-93 所示。选择"文本"工具 ，选取文字"信是金"。选择"文本 > 段落格式化"命令，在弹出的泊坞窗中将"字符间距"选项设为 74%，效果如图 4-94 所示。用相同的方法输入其他文字，如图 4-95 所示。

图 4-93

图 4-94

图 4-95

步骤 13　选择"文本"工具 ，在适当的位置拖曳文本框，输入需要的文字。选择"选择"工具 ，在属性栏中选择合适的字体并设置适当的文字大小，如图 4-96 所示。在"段落格式化"泊坞窗中进行设置，如图 4-97 所示。按 Enter 键，文字效果如图 4-98 所示。

图 4-96

图 4-97

图 4-98

步骤 14　选择"文本"工具 ，在适当的位置分别输入需要的文字。选择"选择"工具 ，分别在属性栏中选择合适的字体并设置适当的文字大小。分别设置文字颜色的 CMYK 值为（24、25、45、0）、（67、93、92、32），填充文字，效果如图 4-99 所示。

步骤 15　选择"椭圆形"工具 ，按住 Ctrl 键的同时在适当的位置绘制圆形，设置圆形轮廓色的 CMYK 值为 66、83、93、31，填充轮廓线。在属性栏中的"轮廓宽度" .2pt 框中设置数值为 0.5pt，按 Enter 键，效果如图 4-100 所示。选择"选择"工具，按数字键盘上的+键复制图形，并等比例缩小图形，效果如图 4-101 所示。

图 4-99 图 4-100 图 4-101

3. 制作书籍背面图形

步骤 1 按 Ctrl+I 组合键，弹出"导入"对话框。选择光盘中的"Ch04 > 素材 > 制作古物鉴赏书籍封面 > 04"文件，单击"导入"按钮。在页面中单击导入的图片，调整图片的大小和位置，效果如图 4-102 所示。

步骤 2 选择"透明度"工具，在属性栏的"透明度类型"选项中选择"标准"，其他选项的设置如图 4-103 所示。按 Enter 键，效果如图 4-104 所示。

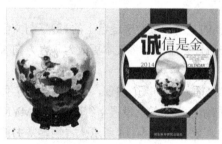  

图 4-102 图 4-103 图 4-104

步骤 3 再次导入 04 文件，并将其拖曳到适当的位置，效果如图 4-105 所示。选择"选择"工具，选取右侧页面中需要的文字，按数字键盘上的+键复制文字，并将其拖曳到适当的位置，如图 4-106 所示。

步骤 4 选择"文本"工具，在适当的位置拖曳文本框，输入需要的文字。选择"选择"工具，在属性栏中选择合适的字体并设置适当的文字大小，单击属性栏中的"将文本更改为垂直方向"按钮，如图 4-107 所示。选取需要的文字，设置文字颜色的 CMYK 值为 55、97、97、14，填充文字，效果如图 4-108 所示。

图 4-105 图 4-106 图 4-107 图 4-108

步骤 5 选择"贝塞尔"工具 ，在适当的位置绘制直线。设置轮廓色的 CMYK 值为 64、94、93、27，填充轮廓线。在属性栏中的"轮廓宽度" .2 pt ▼ 框中设置数值为 1pt，按 Enter 键，效果如图 4-109 所示。

步骤 6 按 Ctrl+I 组合键，弹出"导入"对话框。选择光盘中的"Ch04 > 素材 > 制作古物鉴赏书籍封面 > 05"文件，单击"导入"按钮。在页面中单击导入的图片，调整图片的位置，效果如图 4-110 所示。选择"文本"工具 ，在适当的位置分别输入需要的文字，选择"选择"工具 ，分别在属性栏中选择合适的字体并设置适当的文字大小，效果如图 4-111 所示。

图 4-109　　　　图 4-110　　　　图 4-111

4. 制作书脊

步骤 1 选择"选择"工具 ，选取右侧页面中需要的文字，按数字键盘上的+键复制文字，并将其拖曳到适当的位置。选取需要的文字，单击属性栏中的"将文本更改为垂直方向"按钮 ，效果如图 4-112 所示。

步骤 2 选择"文本 > 插入符号字符"命令，弹出"插入字符"泊坞窗，设置需要的字体，选取需要的字符，如图 4-113 所示，单击"插入"按钮插入字符。设置字符颜色的 CMYK 值为 60、79、89、65，填充字符并去除字符的轮廓色，效果如图 4-114 所示。古物鉴赏书籍封面制作完成。

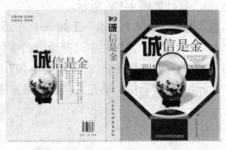

图 4-112　　　　图 4-113　　　　图 4-114

4.2.4 【相关工具】

输入美术字文本或段落文本，效果如图 4-115 所示。使用"形状"工具 选中文本，文本的节点将处于编辑状态，如图 4-116 所示。

图 4-115　　　　　　　　　　　　图 4-116

用光标拖曳 ⇌ 图标，可以调整文本中字符和字符的间距，拖曳 ⇋ 图标，可以调整文本中行的间距，如图 4-117 所示。使用键盘上的方向键，可以对文本进行微调。按住 Shift 键，将段落中第二行文字左下角的节点全部选中，如图 4-118 所示。

图 4-117　　　　　　　　　　　　图 4-118

将光标放在黑色的节点上并拖曳鼠标，如图 4-119 所示。可以将第二行文字移动到需要的位置，效果如图 4-120 所示。使用相同的方法可以对单个字进行移动调整。

图 4-119　　　　　　　　　　　　图 4-120

提　示　　单击"文本"属性栏中的"字符格式化"按钮 ，弹出"字符格式化"面板，在"字距调整范围"选项的数值框中可以设置字符的间距。选择"文本 > 段落格式化"命令，弹出"段落格式化"面板，在"段落与行"设置区的"行距"选项中可以设置行的间距，用来控制段落中行与行间的距离。

4.2.5 【实战演练】制作茶文化书籍封面

使用矩形工具和渐变填充工具制作书籍封面；使用透明度工具制作位图透明效果；使用文本工具输入直排、横排文字；使用阴影工具为茶壶添加阴影效果；使用段落文本换行面板制作封底的文字绕图效果。（最终效果参看光盘中的"Ch04 > 效果 > 制作茶文化书籍封面"，见图 4-121。）

图 4-121

4.3 综合演练——制作药膳书籍封面

4.3.1 【案例分析】

药膳发源于我国传统的饮食和中医食疗文化，既将药物作为食物，又将食物赋予药用，二者相辅相成，相得益彰；既具有较高的营养价值，又可防病治病、保健强身、延年益寿。本案例是制作一本药膳书籍的封面，要求封面设计能够传达出本书的内容。

4.3.2 【设计理念】

在设计过程中，以绿色为主，在直观上传达出健康的视觉信息；食物、药材与文字的结合充分展示出书籍宣传的主体，体现出丰富全面的内容和均衡营养的饮食方式。整体书籍的设计在用色上清新淡雅、内容上丰富全面，主次分明，让人一目了然。

4.3.3 【知识要点】

使用矩形工具和图框精确剪裁命令制作装饰图形效果；使用文本工具添加文字；使用对齐和分布命令调整图片位置；使用贝塞尔工具绘制不规则图形。（最终效果参看光盘中的"Ch04 > 效果 > 制作药膳书籍封面"，见图 4-122。）

图 4-122

4.4 综合演练——制作异域兵主书籍封面

4.4.1 【案例分析】

军事小说是以军事生活为题材的一类小说，又称军事题材小说或战争小说。军事小说以部队生活为表现对象，反映不同历史时期军官和士兵们的个人遭遇、悲欢离合、集训作战等矛盾纠葛、精神风貌、心理情绪。本案例是为军事小说制作的封面，要求体现军人的风姿和风采。

4.4.2 【设计理念】

在设计制作过程中，以暗沉的背景和天空形成压抑、紧张的氛围；坚毅的人物剪影显示出英勇无畏、意志坚定的人物形象，与宣传的主题相呼应；黑底红字的设计形成较强的视觉冲击力，给人以震撼感。整个设计视觉效果强烈，深具特色。

4.4.3 【知识要点】

使用辅助线命令添加辅助线；使用矩形工具和贝塞尔工具制作背景效果；使用文本工具、转化为曲线命令和形状工具制作标题文字；使用文本工具添加文字；使用插入条码命令制作书籍条形码。（最终效果参看光盘中的"Ch04 > 效果 > 制作异域兵主书籍封面"，见图 4-123。）

图 4-123

第5章 杂志设计

杂志是比较专项的宣传媒介之一，它具有目标受众准确、实效性强、宣传力度大、效果明显等特点。时尚生活类杂志的设计可以轻松活泼、色彩丰富。版式内的图文编排可以灵活多变，但要注意把握风格的整体性。本章以多个杂志栏目为例，讲解杂志的设计方法和制作技巧。

 课堂学习目标

- 了解杂志设计的特点和要求
- 了解杂志设计的主要设计要素
- 掌握杂志栏目的设计思路和过程
- 掌握杂志栏目的制作方法和技巧

5.1 制作旅游影像杂志封面

5.1.1 【案例分析】

本案例是一本为即将去旅行的人们制作的旅行类杂志。杂志主要介绍的是旅行的相关景区、重要景点、主要节庆日等信息。本杂志在封面设计上，要体现出旅行生活的多姿多彩，让人在享受旅行生活的同时感受大自然的美。

5.1.2 【设计理念】

在设计制作过程中，首先用迷人的自然风景照片作为杂志封面的背景，表现出旅游景区的真实美景。通过对杂志名称的艺术化处理，给人强烈的视觉冲击力，醒目直观又不失活泼感。通过不同样式的栏目和标题展示出多姿多彩的旅行生活，给人无限的想象空间，产生积极参与的欲望。（最终效果参看光盘中的"Ch05 > 效果 > 制作旅游影像杂志封面"，见图5-1。）

图5-1

5.1.3 【操作步骤】

1. 制作标题文字和出版刊号

步骤 **1** 按 Ctrl+N 组合键，新建一个页面。在属性栏"页面度量"选项中分别设置宽度为213mm、高度为278mm，按 Enter 键，页面尺寸显示为设置的大小。按 Ctrl+I 组合键，弹出"导入"

对话框。选择光盘中的"Ch05 > 素材 > 制作旅游影像杂志封面 > 01"文件，单击"导入"
按钮。在页面中单击导入的图片，按 P 键，图片在页面中居中对齐，效果如图 5-2 所示。

步骤 2　选择"文本"工具 字，输入需要的文字。选择"选择"工具 ，在属性栏中选择合适
的字体并设置文字大小。将文字颜色的 CMYK 值设置为 0、0、100、0，填充文字，效果如
图 5-3 所示。

步骤 3　选择"文本 > 段落格式化"命令，弹出"段落格式化"面板，选项的设置如图 5-4 所
示。按 Enter 键，效果如图 5-5 所示。

图 5-2　　　　　　　　图 5-3　　　　　　　　图 5-4　　　　　　　　图 5-5

步骤 4　按 Ctrl+Q 组合键将文字转换为曲线，如图 5-6 所示。选择"形状"工具 ，用圈选的
方法选取需要的节点，如图 5-7 所示。向左拖曳节点到适当的位置，效果如图 5-8 所示。用
相同的方法调整其他节点的位置，效果如图 5-9 所示。

图 5-6　　　　　　　　　　　　　　　图 5-7

图 5-8　　　　　　　　　　　　　　　图 5-9

步骤 5　选择"文本"工具 字，输入需要的文字。选择"选择"工具 ，在属性栏中选择合适的
字体并设置文字大小，填充字体为白色，效果如图 5-10 所示。在"段落格式化"面板中进行
设置，如图 5-11 所示。按 Enter 键，效果如图 5-12 所示。

图 5-10　　　　　　　　　图 5-11　　　　　　　　图 5-12

步骤 6 选择"透明度"工具 ，在属性栏中的"透明度类型"选项中选择"标准"，其他选项的设置如图 5-13 所示。按 Enter 键，效果如图 5-14 所示。

图 5-13　　　　　　　　　　图 5-14

步骤 7 选择"文本"工具 ，输入需要的文字。选择"选择"工具 ，在属性栏中选择合适的字体并设置文字大小，填充文字为白色，效果如图 5-15 所示。在"段落格式化"面板中进行设置，如图 5-16 所示。按 Enter 键，效果如图 5-17 所示。

图 5-15　　　　　　　　　图 5-16　　　　　　　　　图 5-17

步骤 8 选择"星形"工具 ，在属性栏中进行设置，如图 5-18 所示。在页面中绘制一个图形，设置图形颜色的 CMYK 值为 0、60、100、0，填充图形并去除图形的轮廓线，效果如图 5-19 所示。

步骤 9 选择"选择"工具 ，按数字键盘上的+键复制图形。在属性栏中将"旋转角度" 选项设为 316，旋转复制图形。设置图形颜色的 CMYK 值为 0、100、100、0，填充图形，效果如图 5-20 所示。按数字键盘上的+键复制图形。在属性栏中将"旋转角度" 选项设为 274，旋转复制图形。设置图形颜色的 CMYK 值为 100、20、0、0，填充图形，效果如图 5-21 所示。

图 5-18　　　　　　　图 5-19　　　　　图 5-20　　　　　图 5-21

步骤 10 选择"文本"工具 ，分别输入需要的文字。选择"选择"工具 ，分别在属性栏中选择合适的字体并设置文字大小，填充文字为白色，效果如图 5-22 所示。选择文字"分众出版"。在"段落格式化"面板中进行设置，如图 5-23 所示。按 Enter 键，效果如图 5-24 所示。用相同的方法调整其他文字的间距，效果如图 5-25 所示。

图 5-22　　　　　　　图 5-23　　　　　　　图 5-24　　　　　　　图 5-25

2. 添加内容文字

步骤 1　选择"2 点线"工具 绘制一条直线。设置轮廓线颜色的 CMYK 值为 0、100、100、0，填充直线，效果如图 5-26 所示。按 F12 键，弹出"轮廓笔"对话框，选项的设置如图 5-27 所示。单击"确定"按钮，效果如图 5-28 所示。选择"选择"工具 ，按数字键盘上的+键复制图形，在属性栏中将"旋转角度" 选项设为 90，旋转复制图形，效果如图 5-29 所示。

图 5-26　　　　　　　图 5-27　　　　　　　图 5-28　　　　　　　图 5-29

步骤 2　选择"文本"工具 ，输入需要的文字。选择"选择"工具 ，在属性栏中选择合适的字体并设置文字大小。设置图形颜色的 CMYK 值为 0、0、100、0，填充文字，效果如图 5-30 所示。在"段落格式化"面板中进行设置，如图 5-31 所示。按 Enter 键，效果如图 5-32 所示。

图 5-30　　　　　　　图 5-31　　　　　　　图 5-32

步骤 3　选择"文本"工具 ，输入需要的文字。选择"选择"工具 ，在属性栏中选择合适

中等职业教育数字艺术类规划教材

的字体并设置文字大小。设置图形颜色的 CMYK 值为 0、0、100、0，填充文字，效果如图 5-33 所示。在"段落格式化"面板中进行设置，如图 5-34 所示。按 Enter 键，效果如图 5-35 所示。

图 5-33　　　　　　　图 5-34　　　　　　　图 5-35

步骤 4　选择"文本"工具 字，输入需要的文字。选择"选择"工具 ▶，在属性栏中选择合适的字体并设置文字大小。设置图形颜色的 CMYK 值为 0、100、100、0，填充文字，效果如图 5-36 所示。在"段落格式化"面板中进行设置，如图 5-37 所示。按 Enter 键，效果如图 5-38 所示。

图 5-36　　　　　　　图 5-37　　　　　　　图 5-38

步骤 5　选择"文本"工具 字，分别输入需要的文字。选择"选择"工具 ▶，分别在属性栏中选择合适的字体并设置文字大小，填充适当的颜色，效果如图 5-39 所示。选择文字"Bali&Lombok"，在"段落格式化"面板中进行设置，如图 5-40 所示。按 Enter 键，效果如图 5-41 所示。用相同的方法调整其他文字的字距，效果如图 5-42 所示。

图 5-39　　　　　图 5-40　　　　　图 5-41　　　　　图 5-42

步骤 `6`　选择"文本"工具 字，输入需要的文字。选择"选择"工具 ，在属性栏中选择合适的字体并设置文字大小。设置图形颜色的 CMYK 值为 0、0、100、0，填充文字，效果如图5-43 所示。在"段落格式化"面板中进行设置，如图 5-44 所示。按 Enter 键，效果如图 5-45所示。

图 5-43　　　　　图 5-44　　　　　图 5-45

步骤 `7`　选择"文本"工具 字，输入需要的文字。选择"选择"工具 ，在属性栏中选择合适的字体并设置文字大小。设置图形颜色的 CMYK 值为 0、100、100、0，填充文字，效果如图 5-46 所示。在"段落格式化"面板中进行设置，如图 5-47 所示。按 Enter 键，效果如图 5-48所示。

图 5-46　　　　　图 5-47　　　　　图 5-48

步骤 `8`　选择"文本"工具 字，输入需要的文字。选择"选择"工具 ，在属性栏中选择合适的字体并设置文字大小。设置图形颜色的 CMYK 值为 0、100、100、0，填充文字，效果如图 5-49 所示。在"段落格式化"面板中进行设置，如图 5-50 所示。按 Enter 键，效果如图 5-51所示。

步骤 `9`　选择"文本"工具 字，输入需要的文字。选择"选择"工具 ，在属性栏中选择合适的字体并设置文字大小。填充文字为白色，效果如图 5-52 所示。在"段落格式化"面板中进行设置，如图 5-53 所示。按 Enter 键，效果如图 5-54 所示。选择"选择"工具 ，再次单击文字，使文字处于旋转状态，向右拖曳上方中间的控制手柄到适当的位置，倾斜文字，效果如图 5-55 所示。

图 5-49　　　　　　　　图 5-50　　　　　　　　图 5-51

图 5-52　　　　　　图 5-53　　　　　　图 5-54　　　　　　图 5-55

步骤 10 选择"文本"工具 ，输入需要的文字。选择"选择"工具 ，在属性栏中选择合适的字体并设置文字大小。选择"下划线"按钮 ，为文字添加下划线。填充下划线为白色，效果如图 5-56 所示。在"段落格式化"面板中进行设置，如图 5-57 所示。按 Enter 键，效果如图 5-58 所示。

图 5-56　　　　　　图 5-57　　　　　　图 5-58

步骤 11 选择"椭圆形"工具 ，按住 Ctrl 键的同时绘制一个圆形。设置图形颜色的 CMYK 值为 0、0、100、0，填充图形并去除图形的轮廓线，效果如图 5-59 所示。

步骤 12 选择"文本"工具 ，输入需要的文字。选择"选择"工具 ，在属性栏中选择合适的字体并设置文字大小，效果如图 5-60 所示。在"段落格式化"面板中进行设置，如图 5-61 所示。按 Enter 键，效果如图 5-62 所示。

图 5-59　　　　　　图 5-60　　　　　　图 5-61　　　　　　图 5-62

步骤 13 选择"文本"工具 字，选取文字"2"。选择"文本 > 字符格式化"命令，弹出"字符格式化"面板，选项的设置如图 5-63 所示。按 Enter 键，效果如图 5-64 所示。选择"选择"工具 ，在属性栏中将"旋转角度" ∘.∘ 选项设为 10，旋转文字，效果如图 5-65 所示。

图 5-63　　　　　　图 5-64　　　　　　图 5-65

步骤 14 按 Ctrl+I 组合键，弹出"导入"对话框。选择光盘中的"Ch05 > 素材 > 制作旅游影像杂志封面 > 02"文件，单击"导入"按钮。在页面中单击导入的图片，拖曳图片到适当的位置，效果如图 5-66 所示。

步骤 15 选择"文本"工具 字，输入需要的文字。选择"选择"工具 ，在属性栏中选择合适的字体并设置文字大小，效果如图 5-67 所示。在"段落格式化"面板中进行设置，如图 5-68 所示。按 Enter 键，效果如图 5-69 所示。

图 5-66　　　　　　图 5-67　　　　　　图 5-68　　　　　　图 5-69

5.1.4 【相关工具】

1. 设置文本嵌线

选中需要处理的文本，如图 5-70 所示。单击"文本"属性栏中的"文本属性"按钮 ，弹出"文本属性"对话框，如图 5-71 所示。

单击"下划线"按钮 ，在弹出的下拉列表中选择线型，如图 5-72 所示，文本下划线的效果如图 5-73 所示。

图 5-70　　　　　　图 5-71　　　　　　图 5-72　　　　　　图 5-73

选中需要处理的文本，如图 5-74 所示。在"文本属性"面板右侧的 按钮，弹出更多选项，在"字符删除线" 选项的下拉列表中选择线型，如图 5-75 所示，文本删除线的效果如图 5-76 所示。

图 5-74　　　　　　　图 5-75　　　　　　　图 5-76

选中需要处理的文本，如图 5-77 所示。在"字符上划线" 选项的下拉列表中选择线型，如图 5-78 所示，文本上划线的效果如图 5-79 所示。

图 5-77　　　　　　　图 5-78　　　　　　　图 5-79

2. 设置文本上下标

选中需要制作上标的文本，如图 5-80 所示。单击"文本"属性栏中的"文本属性"按钮 Ａ，弹出"文本属性"泊坞窗，如图 5-81 所示。

图 5-80　　　　　　　　图 5-81

单击"位置"按钮 X，在弹出的下拉列表中选择"上标"选项，如图 5-82 所示，设置上标的效果如图 5-83 所示。

图 5-82　　　　　　　　图 5-83

选中需要制作下标的文本，如图 5-84 所示。在"字符效果"设置区的"位置"选项的下拉列表中选择"下标"选项，如图 5-85 所示，设置下标的效果如图 5-86 所示。

图 5-84　　　　　　图 5-85　　　　　　图 5-86

3. 设置文本的排列方向

选中文本，如图 5-87 所示。在"文本"属性栏中，单击"将文字更改为水平方向"按钮 ≡ 或"将文本更改为垂直方向"按钮 ⦙⦙⦙，可以水平或垂直排列文本，效果如图 5-88 所示。

选择"文本 > 文本属性"命令，弹出"文本属性"泊坞窗，在"图文框"选项中选择文本的排列方向，如图 5-89 所示，设置好后，则改变文本的排列方向。

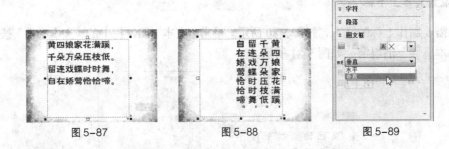

图 5-87　　　　　　图 5-88　　　　　　图 5-89

4．设置制表位

选择"文本"工具 字，在绘图页面中绘制一个段落文本框，在上方的标尺上出现多个制表位，如图 5-90 所示。选择"文本 > 制表位"命令，出现"制表位设置"对话框，在对话框中可以进行制表位的设置，如图 5-91 所示。

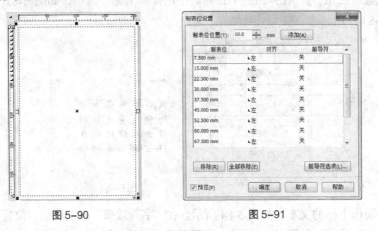

图 5-90　　　　　　　　　　　图 5-91

在数值框中输入数值或调整数值，可以设置制表位的距离，如图 5-92 所示。

在"制表位设置"对话框中，单击"对齐"选项，出现制表位对齐方式下拉列表，可以设置字符出现在制表位上的位置，如图 5-93 所示。

在"制表位设置"对话框中，选中一个制表位，单击"移除"或"全部移除"按钮，可以删除制表位；单击"添加"按钮，可以增加制表位。设置好制表位后，单击"确定"按钮。

图 5-92　　　　　　　　　　　图 5-93

提 示 在段落文本框中插入光标，在键盘上按 Tab 键，每按一次 Tab 键，插入的光标就会按新设置的制表位移动。

5. 设置制表符

选择"文本"工具 字，在绘图页面中绘制一个段落文本框，效果如图 5-94 所示。

在上方的标尺上出现多个"L"形滑块，就是制表位，效果如图 5-95 所示。在任意一个制表位上单击鼠标右键，弹出快捷菜单，在快捷菜单中可以选择该制表位的对齐方式，如图 5-96 所示，也可以对网格、标尺和辅助线进行设置。

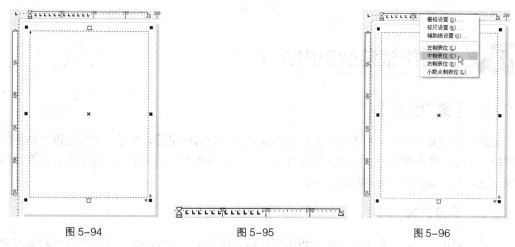

图 5-94　　　　　　　　　图 5-95　　　　　　　　　图 5-96

在上方的标尺上拖曳"L"形滑块，可以将制表位移动到需要的位置，效果如图 5-97 所示。在标尺上的任意位置单击鼠标左键，可以添加一个制表位，效果如图 5-98 所示。将制表位拖放到标尺外，就可以删除该制表位。

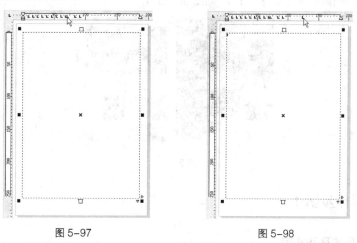

图 5-97　　　　　　　　　图 5-98

5.1.5 【实战演练】制作汽车杂志封面

使用图框精确剪裁命令编辑背景效果；使用文本工具添加文字；使用转换为曲线命令和形状工具编辑标题文字效果；使用贝塞尔工具绘制装饰图形。（最终效果参看光盘中的"Ch05 > 效果 >

制作汽车杂志封面"，见图 5-99。）

图 5-99

中等职业教育数字艺术类规划教材

5.2 制作旅游杂志内文 1

5.2.1 【案例分析】

旅游杂志主要是为热爱旅游人士设计的专业杂志，杂志的宗旨是引导人们的旅游生活更加舒适便捷。杂志主要介绍的内容是旅游景点推荐以及各地风土人情的介绍。在页面设计上要抓住杂志的特色，激发人们对旅游的热情。

5.2.2 【设计理念】

在设计制作过程中，使用大篇幅的摄影图片给人带来视觉上的美感；使用红色的栏目标题，醒目突出，吸引读者的注意；美景图片和介绍性文字合理编排，在展现出宣传主题的同时，刺激人们的旅游欲望，达到宣传的效果。整体色彩搭配使画面更加丰富活泼。（最终效果参看光盘中的"Ch05 > 效果 > 制作旅游杂志内文 1"，见图 5-100。）

图 5-100

5.2.3 【操作步骤】

1. 制作栏目名称和文字

步骤 1 按 Ctrl+N 组合键，新建一个页面。在属性栏的"页面度量"选项中分别设置宽度为 420mm、高度为 297mm，按 Enter 键，页面尺寸显示为设置的大小。

步骤 2 选择"视图 > 标尺"命令，在视图中显示标尺，从左侧标尺上拖曳出一条辅助线，并将其拖曳到 210mm 的位置，效果如图 5-101 所示。

步骤 3 选择"文件 > 导入"命令，弹出"导入"对话框。选择光盘中的"Ch05 > 素材 > 制作旅游杂志内文 1 > 01"文件，单击"导入"按钮。在页面中单击导入的图片，将其拖曳到适当的位置，效果如图 5-102 所示。

图 5-101   图 5-102

步骤 4 选择"文本"工具 字，分别输入需要的文字。选择"选择"工具 ，分别在属性栏中选择合适的字体并设置文字大小。填充文字为红色，效果如图 5-103 所示。

步骤 5 选择"选择"工具 ，选择文字"JIUZHAIGOU"。选择"阴影"工具 ，在文字上从上向下拖曳光标，为文字添加阴影效果。在属性栏中进行设置，如图 5-104 所示。按 Enter 键，效果如图 5-105 所示。用相同的方法制作其他文字的阴影效果，如图 5-106 所示。

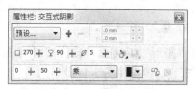

图 5-103   图 5-104

图 5-105   图 5-106

步骤 6 选择"2 点线"工具 ，在页面中绘制一条直线，如图 5-107 所示。按 F12 键，弹出"轮廓笔"对话框。将"颜色"选项的颜色设置为红色，其他选项的设置如图 5-108 所示。单击"确定"按钮，效果如图 5-109 所示。用上述所讲的方法制作直线的阴影效果，如图 5-110 所示。用相同的方法再制作一条直线，效果如图 5-111 所示。

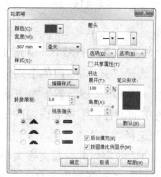

图 5-107   图 5-108

图 5-109

图 5-110

图 5-111

步骤 7 选择"矩形"工具 □，按住 Ctrl 键的同时绘制一个正方形。填充图形为黑色，并去除图形的轮廓线，效果如图 5-112 所示。

步骤 8 选择"透明度"工具 ，在属性栏中进行设置，如图 5-113 所示。按 Enter 键，效果如图 5-114 所示。

图 5-112　　　　　　　　　图 5-113　　　　　　　　　图 5-114

步骤 9 选择"矩形"工具 □，按住 Ctrl 键的同时绘制一个正方形。填充图形为黑色，并去除图形的轮廓线，效果如图 5-115 所示。

步骤 10 选择"透明度"工具 ，在属性栏中进行设置，如图 5-116 所示。按 Enter 键，效果如图 5-117 所示。

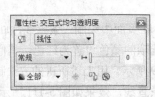

图 5-115　　　　　　　　　图 5-116　　　　　　　　　图 5-117

步骤 11 选择"文本"工具 ，输入需要的文字。选择"选择"工具 ，在属性栏中选择合适的字体并设置文字大小。填充文字为红色，效果如图 5-118 所示。

步骤 12 选择"文本 > 段落格式化"命令，弹出"段落格式化"面板，选项的设置如图 5-119 所示。按 Enter 键，效果如图 5-120 所示。再次单击文字，使文字处于旋转状态，向右拖曳上方中间的控制手柄到适当的位置，将文字倾斜，效果如图 5-121 所示。

步骤 13 选择"文本"工具 ，分别输入需要的文字。选择"选择"工具 ，分别在属性栏中选择合适的字体并设置文字大小。填充适当的颜色，效果如图 5-122 所示。

步骤 14 选择"椭圆形"工具 ○，按住 Ctrl 键的同时绘制一个圆形。填充图形为黄色，效果如

图 5-123 所示。选择"选择"工具 ，连续按 3 次数字键盘上的+键复制圆形，分别将复制的图形拖曳到适当的位置，效果如图 5-124 所示。

图 5-118　　　　　　　　图 5-119　　　　　　　　图 5-120　　　　　　　　图 5-121

图 5-122　　　　　　　　图 5-123　　　　　　　　图 5-124

步骤 15 打开光盘中的"Ch05 > 素材 > 制作旅游杂志内文 1 > 文本"文件，选取并复制需要的文字，如图 5-125 所示。返回到正在编辑的 CorelDRAW 软件中，选择"文本"工具 ，拖曳出一个文本框，按 Ctrl+V 组合键将复制的文字粘贴到文本框中。选择"选择"工具 ，在属性栏中选择合适的字体并设置文字大小，填充文字为白色，效果如图 5-126 所示。在"段落格式化"面板中进行设置，如图 5-127 所示。按 Enter 键，效果如图 5-128 所示。

图 5-125　　　　　　　　图 5-126　　　　　　　　图 5-127　　　　　　　　图 5-128

2. 编辑景点图片和介绍文字

步骤 1 选择"选择"工具 ，选取杂志左侧需要的文字。按数字键盘上的+键复制文字，并调整其位置和大小，效果如图 5-129 所示。

步骤 2 选择"矩形"工具 绘制一个矩形。在"CMYK 调色板"中的"40%黑"色块上单击鼠标右键，填充矩形轮廓线，效果如图 5-130 所示。

步骤 3 选择"文件 > 导入"命令，弹出"导入"对话框。选择光盘中的"Ch05 > 素材 > 制作旅游杂志内文 1 > 02"文件，单击"导入"按钮。在页面中单击导入的图片，并将其拖曳到适当的位置，效果如图 5-131 所示。

步骤 4 选择"文本"工具 ，分别输入需要的文字。选择"选择"工具 ，分别在属性栏中选择合适的字体并设置文字大小，填充适当的颜色，效果如图 5-132 所示。

图 5-129　　　　图 5-130　　　　图 5-131　　　　图 5-132

步骤 5 选择"文本 > 插入符号字符"命令，弹出"插入字符"对话框，在对话框中按需要进行设置并选择需要的字符，如图 5-133 所示。单击"插入"按钮插入字符，拖曳字符到适当的位置并调整其大小，效果如图 5-134 所示。填充字符为红色并去除字符的轮廓线，效果如图 5-135 所示。用相同的方法插入其他符号字符，并填充相同的颜色，效果如图 5-136 所示。

步骤 6 选取并复制文本文件中需要的文字。选择"文本"工具 ，拖曳出一个文本框，粘贴复制的文字。选择"选择"工具 ，在属性栏中选择合适的字体并设置文字大小。在"CMYK调色板"中的"70%黑"色块上单击鼠标，填充文字，效果如图 5-137 所示。

图 5-133　　　　　　图 5-134　　　　　　　图 5-135

图 5-136　　　　　　　　　　　图 5-137

步骤 7 选择"文本 > 栏"命令，弹出"栏设置"面板，选项的设置如图 5-138 所示。按 Enter键，效果如图 5-139 所示。

图 5-138

图 5-139

步骤 8　选择"矩形"工具 □ 绘制一个矩形，如图 5-140 所示。按 F12 键，弹出"轮廓笔"对话框。在"颜色"选项中设置轮廓线颜色的 CMYK 值为 100、0、100、0，其他选项的设置如图 5-141 所示。单击"确定"按钮，效果如图 5-142 所示。

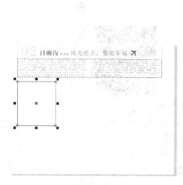

图 5-140

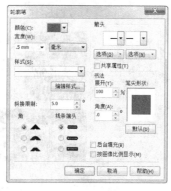

图 5-141

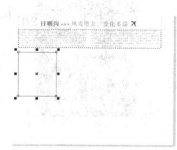

图 5-142

步骤 9　选择"文件 > 导入"命令，弹出"导入"对话框。选择光盘中的"Ch05 > 素材 > 制作旅游杂志内文 1 > 03"文件，单击"导入"按钮。在页面中单击导入的图片，将其拖曳到适当的位置，效果如图 5-143 所示。

步骤 10　按 Ctrl+PageDown 组合键将图片向下移动一层，效果如图 5-144 所示。选择"效果 > 图框精确剪裁 > 放置在容器中"命令，鼠标指针变为黑色箭头形状，在矩形图形上单击，如图 5-145 所示，将图形置入到矩形中，效果如图 5-146 所示。

图 5-143

图 5-144

图 5-145

图 5-146

步骤 11　选择"文本"工具 字，分别输入需要的文字。选择"选择"工具 ▯，分别在属性栏中选择合适的字体并设置文字大小。填充适当的颜色，效果如图 5-147 所示。

步骤 12　选取并复制文本文件中需要的文字。选择"文本"工具 字，拖曳出一个文本框，粘贴需要的文字。选择"选择"工具 ，在属性栏中选择合适的字体并设置文字大小。在"CMYK 调色板"中的"70%黑"色块上单击鼠标，填充文字，效果如图 5-148 所示。

步骤 13 在"段落格式化"面板中进行设置，如图 5-149 所示。按 Enter 键，效果如图 5-150 所示。用上述所讲的方法分别制作其他图片和文字效果，如图 5-151 所示。

图 5-147

图 5-148

图 5-149

图 5-150

图 5-151

步骤 14 选择"星形"工具 ，在属性栏中将"点数或边数"选项设为 12，"锐度"选项设为 25，在页面中适当的位置绘制一个图形，填充图形为红色并去除图形的轮廓线，效果如图 5-152 所示。

步骤 15 选择"文本"工具 ，输入需要的文字。选择"选择"工具 ，在属性栏中选择合适的字体并设置文字大小，填充文字为白色，效果如图 5-153 所示。用相同的方法再绘制一个图形，输入需要的文字，并填充相同的颜色，效果如图 5-154 所示。旅游杂志内文 1 制作完成，效果如图 5-155 所示。

图 5-152 　图 5-153 　　图 5-154 　　　图 5-155

5.2.4 【相关工具】

1. 文本绕路径

选择"文本"工具 字，在绘图页面中输入文本。使用"椭圆形"工具 ○ 绘制一个椭圆路径，效果如图 5-156 所示。

选中文本，选择"文本 > 使文本适合路径"命令，出现箭头图标，将箭头放在椭圆路径上，文本自动绕路径排列，如图 5-157 所示。单击鼠标左键确定，效果如图 5-158 所示。

图 5-156　　　　　图 5-157　　　　　图 5-158

选中绕路径排列的文本，如图 5-159 所示。属性栏如图 5-160 所示，在属性栏中可以设置"文字方向"、"与路径距离"、"水平偏移"，通过设置可以产生多种文本绕路径排列的效果，如图 5-161 所示。

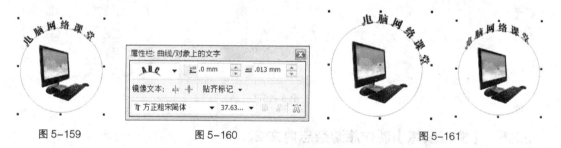

图 5-159　　　　　　　图 5-160　　　　　　　图 5-161

2. 文本绕图

在 CorelDRAW X5 中提供了多种文本绕图的形式，应用好文本绕图可以使设计制作的杂志或报刊更加生动美观。

选择"文件 > 导入"命令，或按 Ctrl+I 组合键，弹出"导入"对话框。在对话框中的"查找范围"列表框中选择需要的文件夹，在文件夹中选取需要的位图文件，单击"导入"按钮，在页面中单击鼠标左键，位图被导入页面中，将位图调整到段落文本中的适当位置，效果如图 5-162 所示。

在位图上单击鼠标右键，在弹出的快捷菜单中选择"段落文本换行"命令，如图 5-163 所示，文本绕图效果如图 5-164 所示。在属性栏中单击"文本换行"按钮 ⬚，在弹出的下拉菜单中可以设置换行样式，在"文本换行偏移"选项的数值框中可以设置偏移距离，如图 5-165 所示。

图 5-162

图 5-163

图 5-164

图 5-165

3. 段落分栏

选择一个段落文本，如图 5-166 所示。选择"文本 > 栏"命令，弹出"栏设置"对话框，将"栏数"选项设置为"2"，栏间宽度设置为"10mm"，如图 5-167 所示。设置好后，单击"确定"按钮，段落文本被分为 2 栏，效果如图 5-168 所示。

图 5-166

图 5-167

图 5-168

5.2.5 【实战演练】制作旅游杂志内文 2

使用钢笔工具和图框精确剪裁命令制作图片效果；使用文字工具添加文字；使用矩形工具和阴影工具制作相框效果；使用椭圆形工具、手绘工具和矩形工具制作装饰图形；使用星形工具制作杂志页码。（最终效果参看光盘中的"Ch05 > 效果 > 制作旅游杂志内文 2"，见图 5-169。）

图 5-169

5.3 综合演练——制作旅游杂志内页 3

5.3.1 【案例分析】

本案例是为旅游杂志制作杂志内页,该旅游杂志是帮助旅行的人规划最优秀的出国旅游路线,向读者介绍各种旅行知识,提供一切热门旅行资讯,栏目精练,内容新鲜。设计要求符合杂志定位,明确主题。

5.3.2 【设计理念】

在设计制作过程中,使用大量的摄影图片作为页面的主体,在带给人视觉美感的同时,引发人们的浏览欲望,让人对景区景色有了大致的了解;文字与图片的合理编排新颖突出,能抓住人们的视线,增加画面的活泼感。整体设计独具个性,色彩搭配丰富活泼,让人印象深刻。

5.3.3 【知识要点】

使用矩形工具和移除前面对象命令编辑图形;使用矩形工具、手绘工具和椭圆形工具制作装饰图形;使用文本工具添加文字;使用星形工具制作杂志页码。(最终效果参看光盘中的"Ch05 > 效果 > 制作旅游杂志内页 3",见图 5-170。)

图 5-170

5.4 综合演练——制作旅游杂志内页 4

5.4.1 【案例分析】

本案例是为一本旅游杂志制作的内页,该旅游杂志主要介绍世界各地的国家公园、历史古迹、观景胜地、著名城市和鲜为人知的景点。读者范围广泛,杂志内载有丰富的彩照和文字说明。设计要求围绕杂志内容,贴合主题。

5.4.2 【设计理念】

在设计制作过程中,使用图片排列的变化增加画面的活泼感,与前面的版式设计形成既有区别又有联系的印象;文字和表格的设计多变且有序,给人活而不散、变且不乱的感觉。整个版面的设计简洁直观、明确清晰。

5.4.3 【知识要点】

使用透明度工具编辑图片；使用矩形工具和手绘工具绘制装饰图形；使用文本工具添加文字。使用表格工具和文本工具制作表格图形；使用星形工具制作杂志页码。（最终效果参看光盘中的"Ch05 > 效果 > 制作旅游杂志内页 4"，见图 5-171。）

图 5-171

第6章 宣传单设计

宣传单是直销广告的一种，对宣传活动和促销商品有着重要的作用。宣传单通过派送、邮递等形式，可以有效地将信息传达给目标受众。本章以各种不同主题的宣传单为例，讲解宣传单的设计方法和制作技巧。

 课堂学习目标

- 了解宣传单的概念
- 了解宣传单的功能
- 掌握宣传单的设计思路和过程
- 掌握宣传单的制作方法和技巧

6.1 制作鸡肉卷宣传单

6.1.1 【案例分析】

本例是为一款墨西哥鸡肉卷制作的宣传单。要求宣传单能够运用图片和宣传文字使用独特的设计手法，主题鲜明地展现出鸡肉卷的健康、可口。

6.1.2 【设计理念】

在设计制作过程中，通过绿色渐变背景搭配精美的产品图片，体现出产品选料精良、美味可口的特点；通过艺术设计的标题文字，展现出时尚和现代感，突出宣传主题，让人印象深刻。（最终效果参看光盘中的"Ch06 > 效果 > 制作鸡肉卷宣传单"，见图6-1。）

图6-1

6.1.3 【操作步骤】

步骤 1 按 Ctrl+N 组合键，新建一个页面。在属性栏"页面度量"选项中分别设置宽度为210mm、高度为285mm，按 Enter 键，页面尺寸显示为设置的大小。

步骤 2 选择"文件 > 导入"命令，弹出"导入"对话框。选择光盘中的"Ch06 > 素材 > 制作鸡肉卷宣传单 > 01"文件，单击"导入"按钮。在页面中单击导入的图片，按 P 键，图片在页面居中对齐，效果如图6-2所示。

步骤 3 选择"文本"工具 字，输入需要的文字。选择"选择"工具 ，在属性栏中选择合适的字体并设置文字大小，效果如图 6-3 所示。

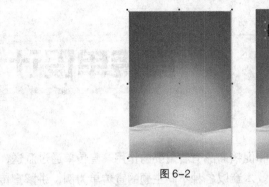 

图 6-2　　　　　　　图 6-3

步骤 4 按 Ctrl+K 组合键将文字进行拆分。选择"选择"工具 ，选择文字"墨"，将其拖曳到适当的位置，在属性栏中进行设置，如图 6-4 所示。按 Enter 键，效果如图 6-5 所示。用相同的方法分别调整其他文字的大小、角度和位置，效果如图 6-6 所示。

图 6-4

图 6-5　　　　　　　　　　　　图 6-6

步骤 5 选择"选择"工具 ，选择文字"墨"。按 Ctrl+Q 组合键将文字转化为曲线，如图 6-7 所示。用相同的方法，将其他文字转化为曲线。选择"贝塞尔"工具 ，在页面中适当的位置绘制一个不规则图形，如图 6-8 所示。选择"选择"工具 ，将文字"卷"和不规则图形同时选取，单击属性栏中的"移除前面对象"按钮 对文字进行裁切，效果如图 6-9 所示。

图 6-7　　　　　图 6-8　　　　　图 6-9

步骤 6 选择"选择"工具 ，选择文字"墨"。选择"形状"工具 ，选取需要的节点，如图 6-10 所示。向左上方拖曳节点到适当的位置，效果如图 6-11 所示。用相同的方法调整其他文字节点的位置，效果如图 6-12 所示。

步骤 7 选择"贝塞尔"工具 ，在适当的位置绘制一个不规则图形，填充图形为黑色并去除图形的轮廓线，效果如图 6-13 所示。用相同的方法再绘制两个图形，填充图形为黑色并去除图形的轮廓线，效果如图 6-14 所示。

图 6-10

图 6-11

图 6-12

图 6-13

图 6-14

步骤 8 选择"选择"工具 ，用圈选的方法将所有文字同时选取。设置图形颜色的 CMYK 值为 0、100、100、20，填充文字。按 Ctrl+G 组合键将其群组，效果如图 6-15 所示。按 Ctrl+C 组合键复制文字图形。

步骤 9 按 F12 键，弹出"轮廓笔"对话框，选项的设置如图 6-16 所示。单击"确定"按钮，效果如图 6-17 所示。

图 6-15

图 6-16

图 6-17

步骤 10 按 Ctrl+V 组合键将复制的文字图形原位粘贴。按 F12 键，弹出"轮廓笔"对话框，将轮廓线颜色设为黑色，其他选项的设置如图 6-18 所示。单击"确定"按钮，效果如图 6-19 所示。

步骤 11 选择"贝塞尔"工具 绘制多个不规则图形和曲线，填充曲线为白色并去除图形的轮廓线，效果如图 6-20 所示。

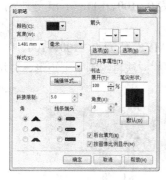

图 6-18

图 6-19

图 6-20

步骤 12 选择"贝塞尔"工具 绘制多个不规则图形和曲线，设置图形颜色的 CMYK 值为 40、

0、100、0, 填充图形并去除图形的轮廓线, 效果如图 6-21 所示。多次按 Ctrl+PageDown 组合键将图形向后调整到适当的位置, 效果如图 6-22 所示。

步骤 13 选择"文件 > 导入"命令, 弹出"导入"对话框。选择光盘中的"Ch06 > 素材 > 制作鸡肉卷宣传单 > 02、03"文件, 单击"导入"按钮。在页面中分别单击导入的图片, 并将其拖曳到适当的位置, 效果如图 6-23 所示。

图 6-21　　　　　　　图 6-22　　　　　　　图 6-23

步骤 14 选择"文本"工具 字, 分别输入需要的文字。选择"选择"工具 ↖, 分别在属性栏中选择合适的字体并设置文字大小, 填充文字为白色, 效果如图 6-24 所示。

步骤 15 选择"椭圆形"工具 ○, 按住 Ctrl 键的同时绘制一个圆形。设置图形颜色的 CMYK 值为 0、60、100、0, 填充图形并去除图形的轮廓线, 效果如图 6-25 所示。多次按 Ctrl+PageDown 组合键, 将图形向后调整到适当的位置, 效果如图 6-26 所示。

图 6-24　　　　　　　图 6-25　　　　　　　图 6-26

步骤 16 选择"文本"工具 字, 分别输入需要的文字。选择"选择"工具 ↖, 分别在属性栏中选择合适的字体并设置文字大小。设置图形颜色的 CMYK 值为 0、100、100、0, 填充文字, 效果如图 6-27 所示。

步骤 17 选择"矩形"工具 □ 绘制一个矩形。设置图形颜色的 CMYK 值为 0、100、100、0, 填充图形并去除图形的轮廓线, 效果如图 6-28 所示。用相同的方法再绘制一个矩形, 并填充相同的颜色, 效果如图 6-29 所示。

图 6-27　　　　　　　图 6-28　　　　　　　图 6-29

步骤 18 选择"文本"工具 字, 输入需要的文字。选择"选择"工具 ↖, 在属性栏中选择合适的字体并设置文字大小。设置图形颜色的 CMYK 值为 0、100、100、50，填充文字，效果如图 6-30 所示。

步骤 19　选择"文本"工具 字 输入需要的文字。选择"选择"工具 ，在属性栏中选择合适的字体并设置文字大小，填充文字为黑色，效果如图 6-31 所示。鸡肉卷宣传单制作完成。

图 6-30　　　　　　　　　图 6-31

6.1.4 【相关工具】

应用 CorelDRAW X5 的独特功能，可以轻松地创建出计算机字库中没有的汉字。下面介绍具体的创建方法。

选择"文本"工具 字，输入两个具有创建文字所需偏旁的汉字，如图 6-32 所示。选择"选择"工具 选取文字，效果如图 6-33 所示。

按 Ctrl+Q 组合键将文字转换为曲线，效果如图 6-34 所示。

图 6-32　　　　　　　　图 6-33　　　　　　　　图 6-34

按 Ctrl+K 组合键将转换为曲线的文字打散，选择"选择"工具 选中所需偏旁，将其移动到创建文字的位置，如图 6-35 所示，进行组合的效果如图 6-36 所示。

图 6-35　　　　　　　　图 6-36

组合好新文字后，选择"选择"工具 ，用圈选的方法选中新文字，效果如图 6-37 所示。再在键盘上按 Ctrl+G 组合键将新文字组合，效果如图 6-38 所示。新文字制作完成，效果如图 6-39 所示。

图 6-37   图 6-38   图 6-39

6.1.5 【实战演练】制作旅游宣传单

使用文本工具添加文字内容；使用转化为曲线命令编辑文字效果；使用贝塞尔工具、椭圆形工具和基本形状工具绘制图形效果；使用渐变填充工具填充文字。（最终效果参看光盘中的"Ch06 > 效果 > 制作旅游宣传单"，见图 6-40。）

图 6-40

6.2 制作房地产宣传单

6.2.1 【案例分析】

本例是为一家房地产公司设计制作宣传单。这家房地产公司主要经营中高档住宅，住宅的环境优美。设计要求宣传单能够通过图片和宣传文字，以独特的设计角度，主题明确地展示房地产公司出售的住宅特色及优势。

6.2.2 【设计理念】

在设计制作过程中，背景采用深沉的渐变色，使人感受到房地产公司的高端与品质。3 张摄影图片表现出小区环境的舒适和优美，体现出该房地产公司的经营特色。住宅平面图的展示，直观而具有说服力地展示了住宅的特征。在设计上突出广告语，点明宣传要点。（最终效果参看光盘中的"Ch06 > 效果 > 制作房地产宣传单"，见图 6-41。）

6.2.3 【操作步骤】

1. 添加家具

图 6-41

步骤 1 按 Ctrl+N 组合键，新建一个页面。在属性栏"页面度量"选项中分别设置宽度为 210mm、高度为 285mm，按 Enter 键，页面尺寸显示为设置的大小。按 Ctrl+I 组合键，弹出"导入"对话框，选择光盘中的"Ch06 > 素材 > 制作房地产宣传单 > 01"文件，单击"导入"按钮 在页面中单击导入的图片，按 P 键，图片在页面居中对齐，效果如图 6-42 所示。

步骤 2 按 Ctrl+I 组合键，弹出"导入"对话框。选择光盘中的"Ch06 > 素材 > 制作房地产宣传单 > 02"文件，单击"导入"按钮。在页面中单击导入的图片，将其拖曳到适当的位置，效果如图 6-43 所示。按 Ctrl+U 组合键取消群组，如图 6-44 所示。

图 6-42   图 6-43   图 6-44

步骤 ③ 按 Ctrl+I 组合键，弹出"导入"对话框。选择光盘中的"Ch06 > 素材 > 制作房地产宣传单 > 03"文件，单击"导入"按钮。在页面中单击导入的图片，将其拖曳到适当的位置，效果如图 6-45 所示。按 Ctrl+U 组合键取消群组。选择"选择"工具 ↳ 选取需要的图形，如图 6-46 所示。按住 Shift 键的同时选取另一个图形，单击属性栏中的"对齐与分布"按钮 ⊟，弹出"对齐与分布"对话框，选项的设置如图 6-47 所示。单击"应用"按钮，效果如图 6-48 所示。

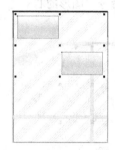
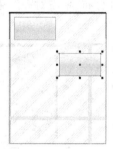

图 6-45   图 6-46   图 6-47   图 6-48

步骤 ④ 按 Ctrl+I 组合键，弹出"导入"对话框。选择光盘中的"Ch06 > 素材 > 制作房地产宣传单 > 04"文件，单击"导入"按钮。在页面中单击导入的图片，将其拖曳到适当的位置，效果如图 6-49 所示。选择"选择"工具 ↳，按住 Shift 键的同时选取下方的矩形，如图 6-50 所示。单击属性栏中的"对齐与分布"按钮 ⊟，弹出"对齐与分布"对话框，选项的设置如图 6-51 所示。单击"应用"按钮，效果如图 6-52 所示。

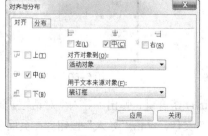

图 6-49   图 6-50   图 6-51   图 6-52

步骤 ⑤ 选择"选择"工具 ↳ 选取置入的图形，按数字键盘上的+键复制出一个图形，将其拖曳到适当的位置，并与下方的矩形居中对齐，效果如图 6-53 所示。

步骤 ⑥ 按 Ctrl+I 组合键，弹出"导入"对话框。选择光盘中的"Ch06 > 素材 > 制作房地产宣传单 > 05"文件，单击"导入"按钮。在页面中单击导入的图片，将其拖曳到适当的位置，效果如图 6-54 所示。按 Ctrl+U 组合键取消群组。选择"排列 > 对齐和分布 > 右对齐"命令，图形的右对齐效果如图 6-55 所示。

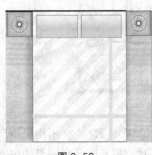

图 6-53

图 6-54

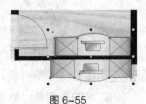

图 6-55

步骤 7 按 Ctrl+I 组合键，弹出"导入"对话框。选择光盘中的"Ch06 > 素材 > 制作房地产宣传单 > 06"文件，单击"导入"按钮。在页面中单击导入的图片，将其拖曳到适当的位置，效果如图 6-56 所示。按 Ctrl+U 组合键取消群组。选择"选择"工具 ，由下向上圈选两个置入的图形，如图 6-57 所示。选择"排列 > 对齐和分布 > 右对齐"命令，图形的右对齐效果如图 6-58 所示。

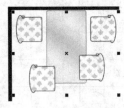

图 6-56

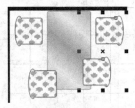

图 6-57

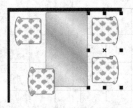

图 6-58

步骤 8 选择"选择"工具 ，由下向上圈选两个置入的图形，如图 6-59 所示。选择"排列 > 对齐和分布 > 左对齐"命令，图形的左对齐效果如图 6-60 所示。

步骤 9 选择"选择"工具 ，由下向上圈选两个置入的图形，如图 6-61 所示。选择"排列 > 对齐和分布 > 顶端对齐"命令，图形的顶对齐效果如图 6-62 所示。

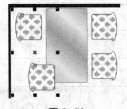

图 6-59

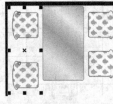

图 6-60

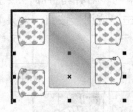

图 6-61

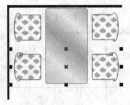

图 6-62

步骤 10 按 Ctrl+I 组合键，弹出"导入"对话框。选择光盘中的"Ch06 > 素材 > 制作房地产宣传单 > 07"文件，单击"导入"按钮。在页面中单击导入的图片，将其拖曳到适当的位置，效果如图 6-63 所示。按 Ctrl+U 组合键取消群组。选择"排列 > 对齐和分布 > 底端对齐"命令，图形的底端对齐效果如图 6-64 所示。

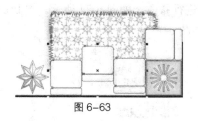

图 6-63

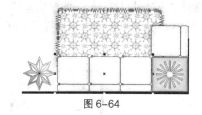

图 6-64

2. 标注平面图

步骤 1 选择"平行度量"工具 ✎，将鼠标指针移动到平面图左侧墙体的底部并单击鼠标左键，如图 6-65 所示，向右拖曳光标，如图 6-66 所示，将光标移动到平面图右侧墙体的底部后再次单击鼠标左键，如图 6-67 所示，再将鼠标指针移动到线段中间，如图 6-68 所示，再次单击完成标注，效果如图 6-69 所示。选择"选择"工具 ▨，选取需要的文字，在属性栏中调整其字体大小，效果如图 6-70 所示。

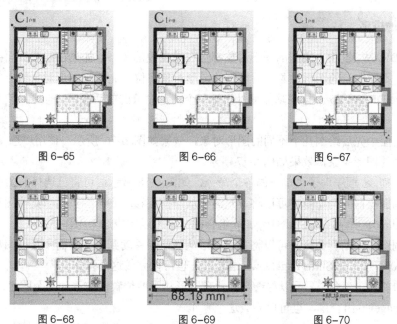

图 6-65　　　　　　　　图 6-66　　　　　　　　图 6-67

图 6-68　　　　　　　　图 6-69　　　　　　　　图 6-70

步骤 2 选择"选择"工具 ▨，用圈选的方法将需要的图形同时选取，如图 6-71 所示。按 Ctrl+G 组合键将其群组，如图 6-72 所示。按数字键盘上的+键复制图形，并将其拖曳到适当的位置，效果如图 6-73 所示。

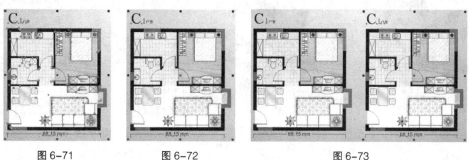

图 6-71　　　　　　图 6-72　　　　　　　　图 6-73

步骤 3 选择"文本"工具 字，选取需要的文字进行修改，如图 6-74 所示。按 Esc 键取消图形的选取状态，房地产宣传单制作完成，效果如图 6-75 所示。

图 6-74

图 6-75

6.2.4 【相关工具】

1. 对象的排序

在 CorelDRAW X5 中，绘制的图形对象都存在着重叠的关系，如果在绘图页面中的同一位置先后绘制两个不同背景的图形对象，后绘制的图形对象将位于先绘制图形对象的上方。

使用 CorelDRAW X5 的排序功能可以安排多个图形对象的前后顺序，也可以使用图层来管理图形对象。

在绘图页面中先后绘制几个不同的图形对象，效果如图 6-76 所示。使用"选择"工具 ▶ 选择要进行排序的图形对象，效果如图 6-77 所示。

选择"排列 > 顺序"子菜单下的各个命令，如图 6-78 所示，可将已选择的图形对象排序。

选择"到图层前面"命令，可以将背景图形从当前层移动到绘图页面中其他图形对象的最前面，效果如图 6-79 所示。按 Shift+PageUp 组合键，也可以完成这个操作。

选择"到图层后面"命令，可以将背景图形从当前层移动到绘图页面中其他图形对象的最后面，如图 6-80 所示。按 Shift+PageDown 组合键，也可以完成这个操作。

选择"向前一层"命令，可以将选定的背景图形从当前位置向前移动一个图层，如图 6-81 所示。按 Ctrl+PageUp 组合键，也可以完成这个操作。

图 6-76

图 6-77

图 6-78

图 6-79　　　　　　　　　图 6-80　　　　　　　　　图 6-81

当图形位于图层最前面的位置时，选择"向后一层"命令，可以将选定的图形（背景）从当前位置向后移动一个图层，如图 6-82 所示。按 Ctrl+PageDown 组合键，也可以完成这个操作。

选择"置于此对象前"命令，可以将选择的图形放置到指定图形对象的前面。选择"置于此对象前"命令后，鼠标指针变为黑色箭头，使用黑色箭头单击指定图形对象，如图 6-83 所示。图形被放置到指定图形对象的前面，效果如图 6-84 所示。

图 6-82　　　　　　　　　图 6-83　　　　　　　　　图 6-84

选择"置于此对象后"命令，可以将选择的图形放置到指定图形对象的后面。选择"置于此对象后"命令后，鼠标指针变为黑色箭头，使用黑色箭头单击指定的图形对象，如图 6-85 所示。图形被放置到指定的背景图形对象的后面，效果如图 6-86 所示。

图 6-85　　　　　　　　　图 6-86

2. 群组

绘制几个图形对象，使用"选择"工具 选中要进行群组的图形对象，如图 6-87 所示。选择"排列 > 群组"命令，或按 Ctrl+G 组合键，或单击属性栏中的"群组"按钮 ，都可以将多个图形对象群组，效果如图 6-88 所示。按住 Ctrl 键，选择"选择"工具 ，单击需要选取的子对象，松开 Ctrl 键，子对象被选取，效果如图 6-89 所示。群组后的图形对象变成一个整体，移动一个对象，其他的对象将会随着移动，填充一个对象，其他的对象也将随着被填充。

选择"排列 > 取消群组"命令，或按 Ctrl+U 组合键，或单击属性栏中的"取消群组"按钮 ，可以取消对象的群组状态。选择"排列 > 取消全部群组"命令，或单击属性栏中的"取消全部群组"按钮 ，可以取消所有对象的群组状态。

图 6-87　　　　　　　　　图 6-88　　　　　　　　　图 6-89

提　示　　在群组中，子对象可以是单个的对象，也可以是多个对象组成的群组，称为群组的嵌套。使用群组的嵌套可以管理多个对象之间的关系。

3. 结合

绘制几个图形对象，如图 6-90 所示。使用"选择"工具 选中要进行结合的图形对象，如图 6-91 所示。

图 6-90　　　　　　　　　图 6-91

选择"排列 > 结合"命令，或按 Ctrl+L 组合键，或单击属性栏中的"合并"按钮 ，可以将多个图形对象结合，效果如图 6-92 所示。

使用"形状"工具 选中结合后的图形对象，可以对图形对象的节点进行调整，改变图形对象的形状，效果如图 6-93 所示。

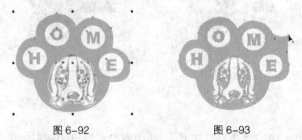

图 6-92　　　　　　　　　图 6-93

选择"排列 > 拆分"命令，或按 Ctrl+K 组合键，或单击属性栏中的"打散"按钮 ，可以取消图形对象的结合状态，原来结合的图形对象将变为多个单独的图形对象。

提　示　　如果对象结合前有颜色填充，那结合后的对象将显示最后选取对象的颜色。如果使用圈选的方法选取对象，将显示圈选框最下方对象的颜色。

6.2.5　【实战演练】制作我为歌声狂宣传单

使用文本工具添加文字；使用轮廓笔命令、渐变填充命令和阴影工具制作标题文字效果；使用贝塞尔工具和使文本适合路径命令制作文字绕路径效果；使用轮廓笔命令、转换为位图命令、高斯式模糊命令和阴影工具制作文本装饰效果；使用贝塞尔工具和透明度工具绘制装饰图形。（最终效果参看光盘中的"Ch06 > 效果 > 制作我为歌声狂宣传单"，见图 6-94。）

图 6-94

6.3　综合演练——制作咖啡宣传单

6.3.1　【案例分析】

本案例是为星客咖啡制作的折扣宣传单。咖啡是人们日常生活中的重要饮品，得到很多人的喜爱。星客咖啡是具有品质的咖啡品牌，所以宣传单设计要求符合品牌定位。

6.3.2　【设计理念】

在设计制作过程中，宣传单的背景使用大红色再搭配金色的底纹，在引起人们注意的同时，展现出产品较高的品质；独具风格的咖啡杯设计巧妙地将页面分割开来，体现出独具特色的品位，同时增加了画面的活泼感和趣味性；左上角的产品主体在宣传产品的同时引出宣传文字，与上升的热气形成画面的焦点，突出宣传的主题信息，让人一目了然、印象深刻。

6.3.3　【知识要点】

使用透明度工具和图框精确剪裁命令制作背景效果；使用钢笔工具和渐变填充工具制作装饰图形；使用文本工具添加文字；使用表格工具制作表格。（最终效果参看光盘中的"Ch06 > 效果 > 制作咖啡宣传单"，见图 6-95。）

图 6-95

6.4 综合演练——制作美容院宣传单

6.4.1 【案例分析】

本案例是为一美容院制作的宣传单，该美容院是女子护肤中心，是专为女性服务的场所，所以设计要求符合女性的审美需求。

6.4.2 【设计理念】

在设计制作过程中，使用人物照片在突出宣传特色的同时展现出浪漫温馨的氛围，引起人们的亲切感和向往之情；纯净的蓝色渐变给人以美丽、安祥的感觉，同时体现出沉稳的气质，与前方粉色的文字相搭配，在突出宣传主题的同时，增强了视觉效果。

6.4.3 【知识要点】

使用轮廓笔命令和阴影工具制作标题文字效果；使用矩形工具、透明度工具和星形工具制作装饰图形；使用文本工具添加内容文字。（最终效果参看光盘中的"Ch06 > 效果 > 制作美容院宣传单"，见图6-96。）

图6-96

第7章 海报设计

海报是广告艺术中的一种大众化载体，又名"招贴"或"宣传画"。由于海报具有尺寸大、远视性强、艺术性高的特点，因此，在宣传媒介中占有重要的位置。本章以各种不同主题的海报为例，讲解海报的设计方法和制作技巧。

课堂学习目标

- 了解海报的概念和功能
- 了解海报的种类和特点
- 掌握海报的设计思路和过程
- 掌握海报的制作方法和技巧

7.1 制作夜吧海报

7.1.1 【案例分析】

本案例是为某时尚音乐吧设计制作的活动宣传海报，以"舞动之夜"为活动主题，要求海报设计能够通过对图片和宣传文字的艺术加工表现出宣传的主要特点和功能特色。

7.1.2 【设计理念】

在设计制作过程中，首先使用银灰色的背景增强画面的神秘感，搭配不同的光影，形成朦胧的氛围；城市和人物剪影的添加增添了热烈狂放的气氛，形成画面的视觉中心，突出宣传的主体；文字的运用主次分明，让人一目了然。整体设计醒目直观，宣传性强。（最终效果参看光盘中的"Ch07 > 效果 > 制作夜吧海报"，见图7-1。）

图 7-1

7.1.3 【操作步骤】

步骤 1 按 Ctrl+N 组合键，新建一个页面。在属性栏中的"页面度量"选项中分别设置"宽度"为 130mm、"高度"为 180mm，按 Enter键，页面尺寸显示为设置的大小。按 Ctrl+I 组合键，弹出"导入"对话框。选择光盘中的"Ch07 > 素材 > 制作夜吧海报 > 01"文件，单击"导入"按钮。在页面中单击导入的图片，按 P 键，将图片居中对齐，效果如图 7-2 所示。

步骤 2 选择"文本"工具 输入需要的文字，在属性栏中选择合适的字体并设置文字大小，如图 7-3 所示。

步骤 3 选择"形状"工具 ，向左拖曳文字下方的 图标，调整文字的间距，效果如图 7-4 所示。用相同的方法添加其他文字，效果如图 7-5 所示。

图 7-2   图 7-3   图 7-4   图 7-5

步骤 4 选择"矩形"工具 绘制一个矩形，填充图形为黑色并去除图形的轮廓线，效果如图 7-6 所示。用相同的方法绘制其他图形，并分别填充相同的颜色，效果如图 7-7 所示。

图 7-6   图 7-7

步骤 5 选择"选择"工具 ，用圈选的方法选取需要的图形和文字，按 Ctrl+G 组合键将其群组，将属性栏中的"旋转角度" 选项设为 349.8°，按 Enter 键，效果如图 7-8 所示。

步骤 6 选择"透明度"工具 ，在属性栏中将"透明度类型"选项设为"标准"，其他选项的设置如图 7-9 所示。按 Enter 键，为图形添加透明度效果，如图 7-10 所示。

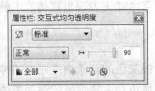

图 7-8   图 7-9   图 7-10

步骤 7 选择"矩形"工具 绘制一个矩形，如图 7-11 所示。在"CMYK 调色板"中的 按钮上单击鼠标右键，去除图形的轮廓线，效果如图 7-12 所示。

图 7-11   图 7-12

步骤　8　选择"选择"工具，选取需要的文字图形。选择"效果 > 图框精确剪裁 > 放置在容器中"命令，鼠标指针变为黑色箭头，在矩形上单击，如图 7-13 所示，将图片置入矩形框中，效果如图 7-14 所示。

图 7-13　　　　　　　　　　　　　　　图 7-14

步骤　9　按 Ctrl+I 组合键，弹出"导入"对话框。选择光盘中的"Ch07 > 素材 > 制作夜吧海报 > 02"文件，单击"导入"按钮。在页面中单击导入的图片，将其拖曳到适当的位置，效果如图 7-15 所示。

步骤　10　选择"选择"工具，按数字键盘上的+键复制图形。选择"位图 > 模糊 > 动态模糊"命令，在弹出的对话框中进行设置，如图 7-16 所示，单击"确定"按钮，效果如图 7-17 所示。

图 7-15　　　　　　　　　　图 7-16　　　　　　　　　　图 7-17

步骤　11　选择"选择"工具，按 Ctrl+PageDown 组合键将图形向下移动到适当的位置，效果如图 7-18 所示。

步骤　12　选择"文本"工具，在页面中输入文字，在属性栏中的设置如图 7-19 所示。填充文字为白色，效果如图 7-20 所示。选择"形状"工具，向下拖曳文字下方的图标，调整文字的间距，并拖曳到适当的位置，效果如图 7-21 所示。

图 7-18　　　　　　　　图 7-19　　　　　　　　图 7-20　　　　图 7-21

步骤　13　选择"文本"工具，在页面中输入文字，在属性栏中选择合适的字体并设置文字大小。设置文字颜色的 CMYK 值为 0、100、0、0，填充文字，效果如图 7-22 所示。

步骤　14　选择"透明度"工具，在属性栏中将"透明度类型"选项设为"标准"，其他选项的设置如图 7-23 所示。按 Enter 键，为文字添加透明度效果，如图 7-24 所示。用相同的方法添加其他文字，并制作透明效果，如图 7-25 所示。

图 7-22

图 7-23

图 7-24

图 7-25

步骤 15 选择"文本"工具 字，在页面中输入文字，在属性栏中选择合适的字体并设置文字大小。设置文字颜色的 CMYK 值为 55、100、48、7，填充文字，效果如图 7-26 所示。选择"形状"工具 ，向左拖曳文字下方的 图标，调整文字的字距，效果如图 7-27 所示。

步骤 16 按数字键盘上的+键复制文字。选择"选择"工具 ，将文字拖曳到适当的位置。设置文字颜色的 CMYK 值为 54、100、49、36，填充文字，效果如图 7-28 所示。按 Ctrl+C 组合键复制文字。

图 7-26

图 7-27

图 7-28

步骤 17 选择"调和"工具 ，在文字之间拖曳光标，为文字添加调和效果。在属性栏中进行设置，如图 7-29 所示。按 Enter 键，效果如图 7-30 所示。按 Ctrl+V 组合键将文字原位粘贴，填充文字为白色，效果如图 7-31 所示。

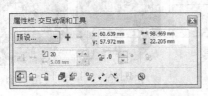
图 7-29

图 7-30

图 7-31

步骤 18 按 F12 键，弹出"轮廓笔"对话框。在"颜色"选项中设置轮廓线颜色的 CMYK 值为 20、80、0、20，其他选项的设置如图 7-32 所示。单击"确定"按钮，效果如图 7-33 所示。

步骤 19 选择"文本"工具 字，在页面中输入需要的文字，在属性栏中选择合适的字体并设置

文字大小。单击"将文本更改为垂直方向"按钮 ⫿，更改文字方向。设置文字颜色的 CMYK
值为 54、100、50、39，填充文字，效果如图 7-34 所示。

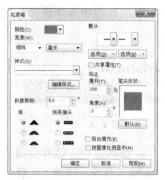

图 7-32　　　　　　　　　图 7-33　　　　　　　　　图 7-34

步骤 20　选择"文本"工具 字，单击"将文本更改为水平方向"按钮 ☰，更改文字方向。在页
面中输入需要的文字，在属性栏中选择合适的字体并设置文字大小，效果如图 7-35 所示。
按 F11 键，弹出"渐变填充"对话框，单击"双色"单选钮，将"从"选项颜色的 CMYK
值设为 0、100、0、0，"到"选项颜色的 CMYK 值设为 0、60、100、0，其他选项的设置如
图 7-36 所示。单击"确定"按钮填充文字，效果如图 7-37 所示。

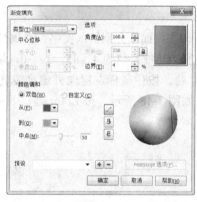

图 7-35　　　　　　　　　图 7-36　　　　　　　　　图 7-37

步骤 21　选择"矩形"工具 □ 绘制一个矩形，填充图形为白色，如图 7-38 所示。按 F12 键，弹
出"轮廓笔"对话框，在"颜色"选项中设置轮廓线颜色的 CMYK 值设为 0、0、0、20，其
他选项的设置如图 7-39 所示。单击"确定"按钮，效果如图 7-40 所示。

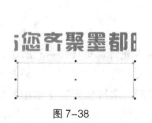

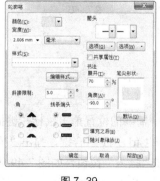

图 7-38　　　　　　　　　图 7-39　　　　　　　　　图 7-40

边做边学——CorelDRAW X5 图形设计案例教程

中等职业教育数字艺术类规划教材

步骤 22 选择"矩形"工具▢绘制一个矩形，设置图形颜色的CMYK值为9、97、4、0，填充图形并去除图形的轮廓线，效果如图7-41所示。

图 7-41　　　　　　　　　　　图 7-42

步骤 24 选择"文本"工具字，在页面中输入需要的文字，在属性栏中选择合适的字体并设置文字大小。设置文字颜色的CMYK值为4、85、29、0，填充文字。选择"轮廓图"工具▣，按住鼠标左键向外侧拖曳光标，为文字添加轮廓化效果。在属性面板中进行设置，如图7-43所示。按Enter键，效果如图7-44所示。

图 7-43　　　　　　　　　　　图 7-44

步骤 25 选择"文本"工具字，在页面中分别输入文字，在属性栏中分别选择合适的字体并设置文字大小。设置文字颜色的CMYK值为4、85、29、0，填充文字，效果如图7-45所示。

步骤 26 选择"轮廓图"工具▣，按住鼠标左键向外侧拖曳光标，为文字添加轮廓化效果。在属性面板中进行设置，如图7-46所示。按Enter键，效果如图7-47所示。夜吧海报制作完成。

图 7-45　　　　　　　　图 7-46　　　　　　　　图 7-47

7.1.4 【相关工具】

1. 插入字符

选择"文本"工具字，在文本中需要的位置单击鼠标右键插入光标，如图7-48所示。选择"文本 > 插入符号字符"命令，或按Ctrl+F11组合键，弹出"插入字符"泊坞窗，在需要的字符上双击鼠标左键，或选中字符后单击"插入"按钮，如图7-49所示。字符插入到文本中，效果如图7-50所示。

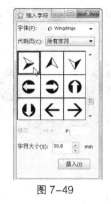

| 图 7-48 | 图 7-49 | 图 7-50 |

2. 使用调和效果

交互式调和工具是 CorelDRAW X5 中应用最广泛的工具之一。它制作出的调和效果可以在绘图对象间产生形状、颜色的平滑变化。

绘制两个需要制作调和效果的图形，如图 7-51 所示。选择"调和"工具 ，将鼠标指针放在左边的图形上，鼠标指针变为 形状，按住鼠标左键并拖曳鼠标到右边的图形上，如图 7-52 所示。松开鼠标左键，两个图形的调和效果如图 7-53 所示。

| 图 7-51 | 图 7-52 | 图 7-53 |

"调和"工具 的属性栏如图 7-54 所示。各选项的含义如下。

"调和步长"选项 6 ：可以设置调和的步数，效果如图 7-55 所示。

"调和方向" .0 ：可以设置调和的旋转角度，效果如图 7-56 所示。

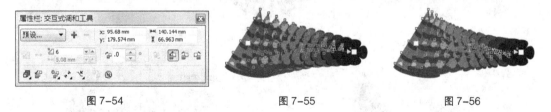

| 图 7-54 | 图 7-55 | 图 7-56 |

"环绕调和" ：调和的图形除了自身旋转外，同时将以起点图形和终点图形的中间位置为旋转中心做旋转分布，如图 7-57 所示。

"直接调和" 、"顺时针调和" 、"逆时针调和" ：设定调和对象之间颜色过渡的方向，效果如图 7-58 所示。

"对象和颜色加速" ：调整对象和颜色的加速属性。单击此按钮，弹出如图 7-59 所示的对话框，拖动滑块到需要的位置，对象加速调和效果如图 7-60 所示，颜色加速调和效果如图 7-61 所示。

"调整加速大小" ：可以控制调和的加速属性。

中等职业教育数字艺术类规划教材

"起始和结束属性" ：可以显示或重新设定调和的起始及终止对象。

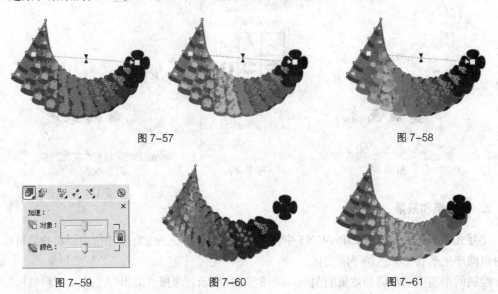

图 7-57　　　　　　　　　图 7-58

图 7-59　　　　图 7-60　　　　图 7-61

"路径属性" ：使调和对象沿绘制好的路径分布。单击此按钮弹出如图 7-62 所示的菜单，选择"新路径"选项，鼠标指针变为 形状，在新绘制的路径上单击，如图 7-63 所示。沿路径进行调和的效果如图 7-64 所示。

"更多调和选项" ：可以进行更多的调和设置。单击此按钮弹出如图 7-65 所示的菜单。"映射节点"按钮，可指定起始对象的某一节点与终止对象的某一节点对应，以产生特殊的调和效果。"拆分"按钮，可将过渡对象分割成独立的对象，并可与其他对象进行再次调和。勾选"沿全路径调和"复选框，可以使调和对象自动充满整个路径。勾选"旋转全部对象"复选框，可以使调和对象的方向与路径一致。

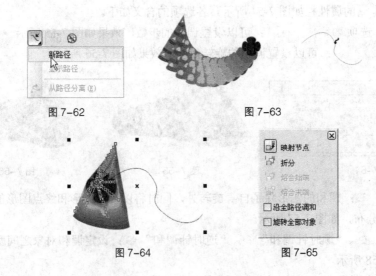

图 7-62　　　　　　　　　图 7-63

图 7-64　　　　　　　　　图 7-65

3. 制作透明效果

使用"透明度"工具 可以制作出如均匀、渐变、图案和底纹等许多漂亮的透明效果。

绘制并填充两个图形，选择"选择"工具 ，选择右侧的方形，如图 7-66 所示。选择"透明度"工具 ⊠，在属性栏中的"透明度类型"下拉列表中选择一种透明类型，如图 7-67 所示，方形的透明效果如图 7-68 所示。用"选择"工具 ▸ 将方形选中并拖放到左侧的图片上，透明效果如图 7-69 所示。

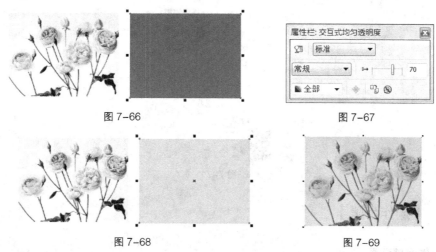

图 7-66　　　　　　　　　　　　　　　　图 7-67

图 7-68　　　　　　　　　　　　　　　　图 7-69

交互式透明属性栏中各选项的含义如下。

"编辑透明度"按钮 ⊠：打开"渐变透明度"对话框，可以对渐变透明度进行具体的设置。

标准 ▾ 、常规 ▾ ：选择透明类型和透明样式。

"透明中心点"选项 ⊢ ▯ 50 ：拖曳滑块或直接输入数值，可以改变对象的透明度。

"透明目标"选项 ■全部 ▾ ：设置应用透明度到"填充"、"轮廓"或"全部"效果。

"冻结"按钮 ❋ ：进一步调整透明度。

"复制透明度属性"按钮 ⬀ ：可以复制对象的透明效果。

"清除透明度"按钮 ⊘ ：可以清除对象中的透明效果。

7.1.5　【实战演练】制作音乐会海报

　　使用矩形工具和添加透镜命令制作图形变形；使用复制命令和透明度工具制作背景的扩散效果；使用文本工具、形状工具和轮廓图工具制作宣传文字；使用椭圆形工具和调和工具绘制装饰图形。（最终效果参看光盘中的"Ch07 > 效果 > 制作音乐会海报"，见图 7-70。）

图 7-70

7.2 　制作研讨会海报

7.2.1　【案例分析】

　　本案例是为某公益活动制作的宣传海报，主要以体现"关爱地球，关爱生命"的特点为主。要求海报运用图片和宣传文字的设计，展现出海报宣传的主题。

7.2.2　【设计理念】

　　在设计制作过程中，使用浅色的背景起到衬托的效果，与蓝色的地球以及飘逸的绿色线条等图案形成具有空间感的画面；飞翔的鸟与绿色的叶子产生了动静结合的画面效果；右下角的文字作为海报的主体，在突出宣传主题的同时，增强了画面的阅读性。（最终效果参看光盘中的"Ch07 > 效果 > 制作研讨会海报"，见图 7-71。）

图 7-71

7.2.3 【操作步骤】

1. 制作海报背景

步骤 1 按 Ctrl+N 组合键，新建一个页面。在属性栏中的"页面度量"选项中分别设置"宽度"为 130mm、"高度"为 180mm，按 Enter 键，页面尺寸显示为设置的大小。双击"矩形"工具 □，绘制一个与页面大小相等的矩形，如图 7-72 所示。

步骤 2 选择"渐变填充"工具 ■，弹出"渐变填充"对话框，单击"自定义"单选钮，在"位置"选项中分别添加并输入 0、17、64、100 几个位置点，单击右下角的"其他"按钮，分别设置几个位置点颜色的 CMYK 值为 0（24、18、17、0）、17（11、8、7、0）、64（0、0、0、0）、100（0、0、0、0），其他选项的设置如图 7-73 所示。单击"确定"按钮，填充图形并去除图形的轮廓线，效果如图 7-74 所示。

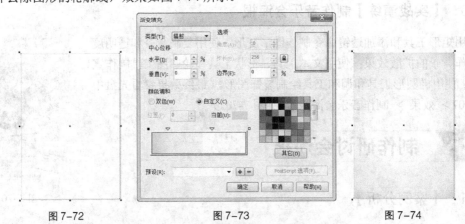

图 7-72　　　　　　　图 7-73　　　　　　　图 7-74

步骤 3 选择"贝塞尔"工具 ，在适当的位置绘制一个图形。设置填充色的 CMYK 值为 51、27、94、0，填充图形并去除图形的轮廓线，效果如图 7-75 所示。

步骤 4 选择"贝塞尔"工具 再绘制一个图形。设置填充色的 CMYK 值为 7、56、100、22，填充图形并去除图形的轮廓线，效果如图 7-76 所示。用相同的方法再绘制一个图形，设置填充色的 CMYK 值为 40、10、87、0，填充图形并去除图形的轮廓线，效果如图 7-77 所示。

用上述方法绘制其他叶子图形，并填充适当的颜色，效果如图 7-78 所示。

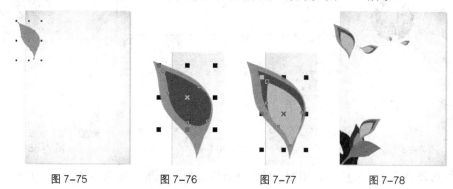

图 7-75　　　　图 7-76　　　　图 7-77　　　　图 7-78

步骤 5　选择"贝塞尔"工具 绘制一条曲线，如图 7-79 所示。按 F12 键，弹出"轮廓笔"对话框，在"颜色"选项中设置轮廓线颜色的 CMYK 值为 69、40、100、1，其他选项的设置如图 7-80 所示。单击"确定"按钮，效果如图 7-81 所示。用相同的方法制作其他线条图形，并填充适当的颜色，效果如图 7-82 所示。

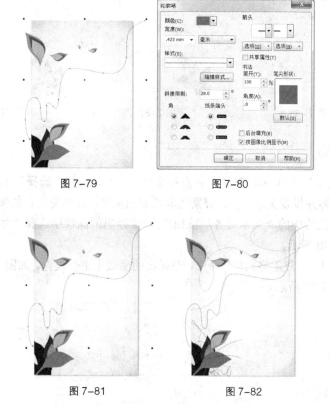

图 7-79　　　　　　　　　　图 7-80

图 7-81　　　　　　　　　图 7-82

步骤 6　按 Ctrl+I 组合键，弹出"导入"对话框。选择光盘中的"Ch07 > 素材 > 制作研讨会海报 > 01、02、03"文件，单击"导入"按钮。分别在页面中单击导入的图片，并将其拖曳到适当的位置，效果如图 7-83 所示。

步骤 7　选择"选择"工具 选取地球图形。选择"效果 > 调整 > 颜色平衡"命令，弹出"颜色平衡"对话框，选项的设置如图 7-84 所示。单击"确定"按钮，效果如图 7-85 所示。

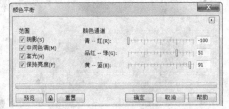

图 7-83　　　　　　图 7-84　　　　　　图 7-85

步骤 8 选择"选择"工具，用圈选的方法选取需要的图形，如图 7-86 所示。选择"效果 > 图框精确剪裁 > 放置在容器中"命令，鼠标指针变为黑色箭头形状，在背景图形上单击，如图 7-87 所示，将图形置入背景图形中，如图 7-88 所示。

图 7-86　　　　　　图 7-87　　　　　　图 7-88

2. 添加文字效果

步骤 1 选择"文本"工具，在页面中输入需要的文字。选择"选择"工具，在属性栏中选择合适的字体并设置文字大小。分别选取需要的文字，并填充适当的颜色，效果如图 7-89 所示。单击属性栏中的"文本对齐"按钮，在弹出的面板中选择"强制调整"命令，文字效果如图 7-90 所示。

步骤 2 选择"文本 > 段落格式化"命令，在弹出的面板中进行设置，如图 7-91 所示。按 Enter 键，效果如图 7-92 所示。

图 7-89　　　　　　图 7-90　　　　　　图 7-91　　　　　　图 7-92

步骤 3 选择"文本"工具，分别输入需要的文字。选择"选择"工具，分别在属性栏中选择合适的字体并设置文字大小，填充适当的颜色，效果如图 7-93 所示。

步骤 4 选择文字"2014"。在"段落格式化"面板中进行设置，如图 7-94 所示。按 Enter 键，效果如图 7-95 所示。

图 7-93 　　　　　　　图 7-94 　　　　　　　图 7-95

步骤 5 选取文字"第十届水资源……"。单击属性栏中的"文本对齐"按钮 ≣，在弹出的面板中选择"强制调整"命令，文字效果如图 7-96 所示。在"段落格式化"面板中进行设置，如图 7-97 所示。按 Enter 键，效果如图 7-98 所示。

图 7-96 　　　　　　　图 7-97 　　　　　　　图 7-98

步骤 6 选择"2 点线"工具 ☑ 绘制一条直线，如图 7-99 所示。选择"文本"工具 字，分别输入需要的文字。选择"选择"工具 ▷，分别在属性栏中选择合适的字体并设置文字大小，效果如图 7-100 所示。

步骤 7 选择文字"地球总水量……"。单击属性栏中的"文本对齐"按钮 ≣，在弹出的面板中选择"居中"命令，文字效果如图 7-101 所示。

图 7-99 　　　　　　　图 7-100 　　　　　　　图 7-101

步骤 8 在"段落格式化"面板中进行设置，如图 7-102 所示。按 Enter 键，效果如图 7-103 所示。

图 7-102

图 7-103

步骤 9 选择文字"主办单位……"。单击属性栏中的"文本对齐"按钮 ≡，在弹出的面板中选择"居中"命令，文字效果如图 7-104 所示。

步骤 10 在"段落格式化"面板中进行设置，如图 7-105 所示。按 Enter 键，效果如图 7-106 所示。研讨会海报制作完成，效果如图 7-107 所示。

图 7-104

图 7-105

图 7-106

图 7-107

7.2.4 【相关工具】

1. 精确剪裁效果

打开一个图形，再绘制一个图形作为容器对象。使用"选择"工具 ，选中要用来内置的图形，效果如图 7-108 所示。

图 7-108

选择"效果 > 图框精确剪裁 > 放置在容器中"命令，鼠标指针变为黑色箭头，将箭头放在容器对象内并单市鼠标左键，如图 7-109 所示，完成的精确剪裁对象效果如图 7-110 所示。内置图形的中心和容器对象的中心是重合的。

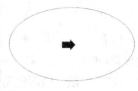

图 7-109　　　　　　　　　　　　　　　　　图 7-110

选择"效果 > 图框精确剪裁 > 提取内容"命令，可以将容器对象内的内置位图提取出来。选择"效果 > 图框精确剪裁 > 编辑内容"命令，可以修改内置对象。选择"效果 > 图框精确剪裁 > 完成编辑这一级"命令，完成内置位图的重新选择。选择"效果 > 复制效果 > 精确剪裁自"命令，鼠标指针变为黑色箭头，将箭头放在精确剪裁对象上并单击鼠标左键，可复制内置对象。

2. 调整亮度、对比度和强度

打开一个图形，如图 7-111 所示。选择"效果 > 调整 > 亮度/对比度/强度"命令，或按 Ctrl+B 组合键，弹出"亮度/对比度/强度"对话框，用鼠标拖曳滑块可以设置各项的数值，如图 7-112 所示。调整好后，单击"确定"按钮，图形色调的调整效果如图 7-113 所示。

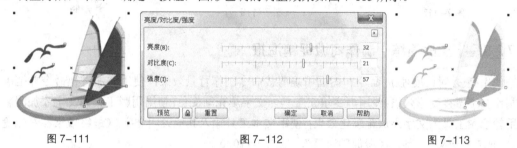

图 7-111　　　　　　　　　　　　图 7-112　　　　　　　　　　　　图 7-113

"亮度"选项：可以调整图形颜色的深浅变化，也就是增加或减少所有像素值的色调范围。
"对比度"选项：可以调整图形颜色的对比，也就是调整最浅和最深像素值之间的差。
"强度"选项：可以调整图形浅色区域的亮度，同时不降低深色区域的亮度。
"预览"按钮：可以预览色调的调整效果。
"重置"按钮：可以重新调整色调。

3. 调整颜色通道

打开一个图形，效果如图 7-114 所示。选择"效果 > 调整 > 颜色平衡"命令，或按 Ctrl+Shift+B 组合键，弹出"颜色平衡"对话框，用鼠标拖曳滑块可以设置各项的数值，如图 7-115 所示。调整好后，单击"确定"按钮，图形色调的调整效果如图 7-116 所示。

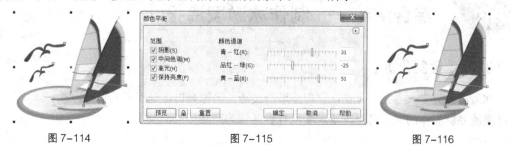

图 7-114　　　　　　　　　　　　图 7-115　　　　　　　　　　　　图 7-116

4. 调整色调、饱和度和亮度

打开一个要调整色调的图形，如图 7-117 所示。选择"效果 > 调整 > 色度/饱和度/亮度"命令，或按 Ctrl+Shift+U 组合键，弹出"色度/饱和度/亮度"对话框，用鼠标拖曳滑块可以设置其数值，如图 7-118 所示。调整好后，单击"确定"按钮，图形色调的调整效果如图 7-119 所示。

"通道"选项组：可以选择要调整的主要颜色。

"色度"选项：可以改变图形的颜色。

"饱和度"选项：可以改变图形颜色的深浅程度。

"亮度"选项：可以改变图形的明暗程度。

图 7-117　　　　　　　　　　图 7-118　　　　　　　　　　图 7-119

7.2.5　【实战演练】制作商城促销海报

使用亮度/对比度/强度命令和图框精确剪裁命令制作背景效果；使用添加透视命令并拖曳节点制作文字透视变形效果；使用渐变填充工具为文字填充渐变色；使用阴影工具为文字添加阴影；使用轮廓图工具为文字添加轮廓化效果；使用文本工具输入其他说明文字。（最终效果参看光盘中的"Ch07 > 效果 > 制作商城促销海报"，见图 7-120。）

图 7-120

7.3　综合演练——制作冰激凌海报

7.3.1　【案例分析】

冰激凌是许多人喜爱的食物，它口感顺滑美味，清凉爽口，是夏天的首选冷饮。本案例是为某冰激凌品牌制作的宣传海报，要求展现青春活泼的产品特点。

7.3.2 【设计理念】

在设计制作过程中,使用粉红色的背景营造出浪漫、温馨的氛围,拉近与人们的距离, 食物融化的设计给人甜蜜的感觉;不同产品的展示在突出产品丰富种类的同时,能引发人们的食欲,达到宣传的目的;冰蓝色的艺术宣传文字醒目突出,给人以冰爽的感觉。整个海报色彩丰富、主题突出、充满诱惑力。

7.3.3 【知识要点】

使用贝塞尔工具、调和工具和图框精确剪裁命令制作装饰图形;使用导入命令导入图片;使用文本工具添加文字;使用轮廓图工具制作文字效果。(最终效果参看光盘中的"Ch07 > 效果 > 制作冰激凌海报",见图 7-121。)

图 7-121

7.4 综合演练——制作抽奖海报

7.4.1 【案例分析】

本案例是为某抽奖活动制作的海报,设计要求在内容上以文字为主,将本次活动的主题和具体内容介绍清楚,并能够吸引人的注意力。

7.4.2 【设计理念】

在设计制作过程中,浅淡的背景起到衬托的效果,给人洁净的印象;不断上升的蓝色水珠,预示着活动即将热烈展开;文字的设计活泼醒目,让人一目了然;箭头图形的设计在突出指示作用的同时,展现出独特的力量感,增强了画面的视觉冲击力。

7.4.3 【知识要点】

使用文本工具、轮廓图工具和合并命令制作标题文字;使用贝塞尔工具绘制装饰图形;使用文本工具添加文字。(最终效果参看光盘中的"Ch07 > 效果 > 制作抽奖海报",见图 7-122。)

图 7-122

第8章　广告设计

广告以多样的形式出现在城市中，是城市商业发展的写照。广告通过电视、报纸、霓虹灯等媒体来发布。好的户外广告要强化视觉冲击力，抓住观众的视线。本章以多种题材的广告为例，讲解广告的设计方法和制作技巧。

 课堂学习目标 ——————————————————————

- 了解广告的概念
- 了解广告的本质和功能
- 掌握广告的设计思路和过程
- 掌握广告的制作方法和技巧

8.1　制作葡萄酒广告

8.1.1　【案例分析】

本案例是为某葡萄酒庄介绍最新商品而设计制作的广告。在广告设计上要求合理运用图片和宣传文字，通过新颖独特的设计手法展示出商品的特色。

8.1.2　【设计理念】

在设计制作过程中，通过墨绿色的背景给人以坚实、沉稳的印象，使人们对产品产生信赖感；采用左右对称的产品图片使画面稳定协调，同时展示出宣传的主体；植物图片的添加展示出健康自然的经营特色；最后使用宣传文字点明主题。整体设计简洁鲜明、自然大方。（最终效果参看光盘中的"Ch08 > 效果 > 制作葡萄酒广告"，见图8-1。）

图 8-1

8.1.3　【操作步骤】

步骤 1　按 Ctrl+N 组合键，新建一个页面。在属性栏中的"页面度量"选项中分别设置"宽度"为 600mm、"高度"为 800mm，按 Enter 键，页面尺寸显示为设置的大小。双击"矩形"工具 ▭，绘制一个与页面大小相等的矩形，如图8-2所示。选择"渐变填充"工具 ◪，弹出"渐变填充"对话框。单击"双色"单选钮，将"从"选项颜色的 CMYK 值设置为 90、75、100、70，"到"选项颜色的 CMYK 值设置为 40、0、100、0，其他选项的设置如图 8-3 所示。单击"确定"按钮，填充图形并去除图形的轮廓线，效果如图 8-4 所示。

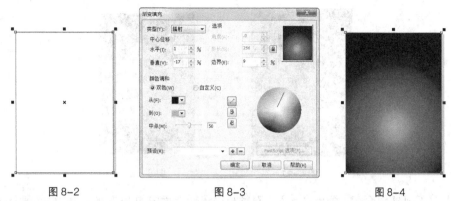

图 8-2　　　　　　　　　　　图 8-3　　　　　　　　　　　图 8-4

步骤 **2** 选择"矩形"工具 □，在页面中适当的位置绘制一个矩形。设置矩形颜色的 CMYK 值为 90、75、100、70，填充图形并去除图形的轮廓线，效果如图 8-5 所示。

步骤 **3** 选择"透明度"工具 ♀，在图形对象上由下向上拖曳鼠标，为图形添加透明度效果，在属性栏中的设置如图 8-6 所示。按 Enter 键，效果如图 8-7 所示。

图 8-5　　　　　　　　　　　图 8-6　　　　　　　　　　　图 8-7

步骤 **4** 按 Ctrl+I 组合键，弹出"导入"对话框。选择光盘中的"Ch08 > 素材 > 制作葡萄酒广告 > 01"文件，单击"导入"按钮。在页面中单击导入的图片，将其拖曳到适当的位置并调整其大小，效果如图 8-8 所示。

步骤 **5** 选择"透明度"工具 ♀，在图片对象上由下向上拖曳鼠标，为图片添加透明度效果，在属性栏中的设置如图 8-9 所示。按 Enter 键，效果如图 8-10 所示。

图 8-8　　　　　　　　　　　图 8-9　　　　　　　　　　　图 8-10

中等职业教育数字艺术类规划教材

步骤 6 选择"选择"工具 ▷ 选取图片，选择"效果 > 图框精确剪裁 > 放置在容器中"命令，鼠标指针变为黑色箭头形状，在渐变图形上单击鼠标左键，如图 8-11 所示。将图片置入到渐变图形中，效果如图 8-12 所示。

图 8-11　　　　　　　　　图 8-12

步骤 7 按 Ctrl+I 组合键，弹出"导入"对话框。选择光盘中的"Ch08 > 素材 > 制作葡萄酒广告 > 02"文件，单击"导入"按钮。在页面中单击导入的图片，将其拖曳到适当的位置并调整其大小，效果如图 8-13 所示。

步骤 8 选择"效果 > 变化 > 极色化"命令，在弹出的对话框中进行设置，如图 8-14 所示。单击"确定"按钮，效果如图 8-15 所示。

图 8-13　　　　　　　　　图 8-14　　　　　　　　　图 8-15

步骤 9 选择"效果 > 调整 > 颜色平衡"命令，在弹出的对话框中进行设置，如图 8-16 所示。单击"确定"按钮，效果如图 8-17 所示。

图 8-16　　　　　　　　　图 8-17

步骤 10 选择"透明度"工具 ♉，在图片对象上从上到下拖曳鼠标，为图片添加透明度效果，在属性栏中的设置如图 8-18 所示。按 Enter 键，效果如图 8-19 所示。

图 8-18

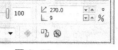

图 8-19

步骤 11 选择"椭圆形"工具 ○，在页面外适当的位置绘制一个圆形，如图 8-20 所示。在"CMYK 调色板"中的"淡黄"色块上单击鼠标左键，填充图形，在"无填充"按钮⊠上单击鼠标右键，去除图形的轮廓线，效果如图 8-21 所示。

步骤 12 选择"位图 > 转换为位图"命令，在弹出的对话框中进行设置，如图 8-22 所示。单击"确定"按钮，效果如图 8-23 所示。

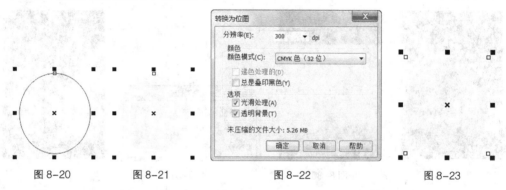

图 8-20   图 8-21   图 8-22   图 8-23

步骤 13 选择"位图 > 模糊 > 高斯式模糊"命令，在弹出的对话框中进行设置，如图 8-24 所示。单击"确定"按钮，效果如图 8-25 所示。

图 8-24   图 8-25

步骤 14 选择"选择"工具 ▷ 选取图形，将其拖曳到页面中适当的位置并调整其大小，效果如图 8-26 所示。选择"透明度"工具 ♀，在属性栏中的设置如图 8-27 所示。按 Enter 键，透明效果如图 8-28 所示。

图 8-26 　　　　　　　　图 8-27 　　　　　　　　　　图 8-28

步骤 15　按 Ctrl+I 组合键，弹出"导入"对话框。选择光盘中的"Ch08 > 素材 > 制作葡萄酒广告 > 03、04"文件，单击"导入"按钮。在页面中分别单击导入的图片，将其拖曳到适当的位置，效果如图 8-29 和图 8-30 所示。

步骤 16　选择"透明度"工具，在属性栏中的设置如图 8-31 所示。按 Enter 键，透明效果如图 8-32 所示。

图 8-29 　　　　　　图 8-30 　　　　　　　图 8-31 　　　　　　　图 8-32

步骤 17　选择"文本"工具，在适当的位置分别输入需要的文字。选择"选择"工具，在属性栏中分别选择合适的字体并设置文字大小。选取文字，在"CMYK 调色板"中的"褐"色块上单击鼠标左键，填充文字，效果如图 8-33 所示。

步骤 18　按 Ctrl+I 组合键，弹出"导入"对话框，选择光盘中的"Ch08 > 素材 > 制作葡萄酒广告 > 05"文件，单击"导入"按钮。在页面中单击导入的图片，将其拖曳到适当的位置，效果如图 8-34 所示。

图 8-33 　　　　　　　　　　　　　　图 8-34

步骤 19　选择"文本"工具，在适当的位置输入需要的文字。选择"选择"工具，在属性栏中分别选择合适的字体并设置文字大小。选取文字，在"CMYK 调色板"中的"褐"色块上单击鼠标左键，填充文字，效果如图 8-35 所示。葡萄酒广告制作完成，效果如图 8-36 所示。

图 8-35

图 8-36

8.1.4 【相关工具】

CorelDRAW X5 提供了多种滤镜,可以对位图进行各种效果的处理。灵活使用位图的滤镜,可以为设计的作品增色不少。下面具体介绍滤镜的使用方法。

◎ 三维效果

选取导入的位图,如图 8-37 所示。选择"位图 > 三维效果"子菜单下的命令,如图 8-38 所示。CorelDRAW X5 提供了 7 种不同的三维效果,下面介绍几种常用的三维效果。

图 8-37

图 8-38

选择"位图 > 三维效果 > 三维旋转"命令,弹出"三维旋转"对话框,单击对话框中的 ▣ 按钮,显示对照预览窗口,如图 8-39 所示,左窗口显示的是位图原始效果,右窗口显示的是完成各项设置后的位图效果。

在"三维旋转"对话框中,"垂直"选项可以设置绕垂直轴旋转的角度,"水平"选项可以设置绕水平轴旋转的角度。勾选"最适合"复选框,经过三维旋转后的位图尺寸将接近原来的位图尺寸。在设置过程中,可以单击"重置"按钮对所有参数重新设置。单击 🔒 按钮可以在改变设置时自动更新预览效果。设置完成后,单击"确定"按钮。

选择"位图 > 三维效果 > 浮雕"命令,弹出"浮雕"对话框,单击对话框中的 ▣ 按钮,显示对照预览窗口,如图 8-40 所示。

在"浮雕"对话框中,"深度"选项可以控制浮雕效果的深度。"层次"选项可以控制浮雕的效果,数值越大,浮雕效果越明显。"方向"选项用来设置浮雕效果的方向。

在"浮雕色"设置区中可以选择转换成浮雕效果后的颜色样式。选取"原始颜色"选项,将不改变原来的颜色效果;选取"灰色"选项,位图转换后将变成灰度效果;选取"黑"选项,位图转换后将变成黑白效果;选取"其他"选项,在后面的颜色框中单击鼠标左键,可以在弹出的调色板中选择需要的浮雕颜色。

图 8-39

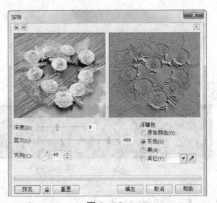

图 8-40

提 示 在对话框中的左预览窗口中用鼠标左键单击可以放大位图，用右键单击可以缩小位图，按住 Ctrl 键，同时在左预览窗口中单击鼠标左键，可以显示整张位图。

选择"位图 > 三维效果 > 卷页"命令，弹出"卷页"对话框，单击对话框中的 □ 按钮，显示对照预览窗口，如图 8-41 所示。

"卷页"对话框的左下角有 4 个卷页类型按钮，可以设置位图卷起页角的位置。在"定向"设置区中选择"垂直的"和"水平"两个单选钮，可以设置卷页效果从哪一边缘卷起。在"纸张"设置区中，"不透明"和"透明的"两个单选钮可以设置卷页部分是否透明。在"颜色"设置区中，"卷曲"选项可以设置卷页颜色，"背景"选项可以设置卷页后面的背景颜色。"宽度"和"高度"选项可以设置卷页的宽度和高度。

选择"位图 > 三维效果 > 透视"命令，弹出"透视"对话框，单击对话框中的 □ 按钮，显示对照预览窗口，如图 8-42 所示。

在"透视"对话框中的"类型"设置区中，可以选择"透视"或"切变"选项，在左下角的显示框中用鼠标拖动控制点，可以设置透视效果的方向和深度。勾选"最适合"复选框，经过透视处理后的位图尺寸将接近原来的位图尺寸。

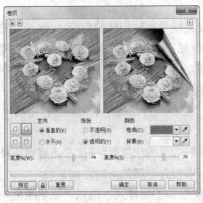

图 8-41

图 8-42

◎ **艺术笔触**

选中位图，选择"位图 > 艺术笔触"子菜单下的命令，如图 8-43 所示。CorelDRAW X5 提供了 14 种不同的艺术笔触效果，下面介绍常用的几种艺术笔触。

选择"位图 > 艺术笔触 > 炭笔画"命令，弹出"炭笔画"对话框，单击对话框中的 ▣ 按钮，显示对照预览窗口，如图 8-44 所示。

在"炭笔画"对话框中，"大小"和"边缘"选项可以设置位图炭笔画的像素大小和黑白度。

选择"位图 > 艺术笔触 > 蜡笔画"命令，弹出"蜡笔画"对话框，单击对话框中的 ▣ 按钮，显示对照预览窗口，如图 8-45 所示。

在"蜡笔画"对话框中，"大小"选项可以设置位图的粗糙程度。"轮廓"选项可以设置位图的轮廓显示的轻重程度。

图 8-43　　　　　　　　图 8-44　　　　　　　　　　　　图 8-45

选择"位图 > 艺术笔触 > 木版画"命令，弹出"木版画"对话框，单击对话框中的 ▣ 按钮，显示对照预览窗口，如图 8-46 所示。

在"木版画"对话框中的"刮痕至"设置区中，可以选择"颜色"或"白色"选项，会得到不同的位图木版画效果。"密度"选项可以设置位图木版画效果中线条的密度。"大小"选项可以设置位图木版画效果中线条的尺寸。

选择"位图 > 艺术笔触 > 素描"命令，弹出"素描"对话框，单击对话框中的 ▣ 按钮，显示对照预览窗口，如图 8-47 所示。

在"素描"对话框中的"铅笔类型"设置区中，可以选择"碳色"或"颜色"类型，不同的类型可以产生不同的位图素描效果。"样式"选项可以设置石墨或彩色素描效果的平滑度。"笔芯"选项可以设置素描效果的精细和粗糙程度。"轮廓"选项可以设置素描效果的轮廓线宽度。

图 8-46　　　　　　　　　　　　　　图 8-47

◎ **模糊**

选中位图，选择"位图 > 模糊"子菜单下的命令，如图 8-48 所示。CorelDRAW X5 提供了

9 种不同的模糊效果，下面介绍几种常用的模糊效果。

选择"位图 > 模糊 > 高斯式模糊"命令，弹出"高斯式模糊"对话框，单击对话框中的 回 按钮，显示对照预览窗口，如图 8-49 所示。

在"高斯式模糊"对话框中，"半径"选项可以设置高斯模糊的程度。

选择"位图 > 模糊 > 放射式模糊"命令，弹出"放射状模糊"对话框，单击对话框中的 回 按钮，显示对照预览窗口，如图 8-50 所示。

在"放射状模糊"对话框中，单击 按钮，然后在左边的位图预览窗口中单击鼠标左键，可以设置放射状模糊效果变化的中心。

图 8-48   图 8-49   图 8-50

◎ **颜色变换**

选中位图，选择"位图 > 颜色变换"子菜单下的命令，如图 8-51 所示。CorelDRAW X5 提供了 4 种不同的颜色变换效果，下面介绍其中两种常用的颜色变换效果。

选择"位图 > 颜色变换 > 半色调"命令，弹出"半色调"对话框，单击对话框中的 回 按钮，显示对照预览窗口，如图 8-52 所示。

在"半色调"对话框中，"青、品红、黄、黑"选项可以设定颜色通道的网角值。"最大点半径"选项可以设定网点的大小。

选择"位图 > 颜色变换 > 曝光"命令，弹出"曝光"对话框，单击对话框中的 回 按钮，显示对照预览窗口，如图 8-53 所示。

在"曝光"对话框中，"层次"选项可以设定曝光的强度，数量大，曝光过度；反之，则曝光不足。

图 8-51   图 8-52   图 8-53

◎ **轮廓图**

选中位图，选择"位图 > 轮廓图"子菜单下的命令，如图 8-54 所示。CorelDRAW X5 提供了 3 种不同的轮廓图效果，下面介绍其中两种常用的轮廓图效果。

选择"位图 > 轮廓图 > 边缘检测"命令，弹出"边缘检测"对话框，单击对话框中的 回 按钮，显示对照预览窗口，如图 8-55 所示。

在"边缘检测"对话框中，"背景色"选项用来设定图像的背景颜色为白色、黑或其他颜色。单击 ✐ 按钮，可以在左侧的位图预览窗口中吸取背景色。"灵敏度"选项可以设定探测边缘的灵敏度。

选择"位图 > 轮廓图 > 查找边缘"命令，弹出"查找边缘"对话框，单击对话框中的 回 按钮，显示对照预览窗口，如图 8-56 所示。

在"查找边缘"对话框中，"边缘类型"选项有"软"和"纯色"两种类型，选择不同的类型，会得到不同的效果。"层次"选项可以设定效果的纯度。

图 8-54 图 8-55 图 8-56

◎ **创造性**

选中位图，选择"位图 > 创造性"子菜单下的命令，如图 8-57 所示。CorelDRAW X5 提供了 14 种不同的创造性效果，下面介绍几种常用的创造性效果。

选择"位图 > 创造性 > 框架"命令，弹出"框架"对话框，单击对话框中的 回 按钮，显示对照预览窗口，如图 8-58 所示。

在"框架"对话框中，"选择"选项卡用来选择框架，并为选取的列表添加新框架。"修改"选项卡用来对框架进行修改。"颜色、不透明度"选项用来设定框架的颜色和透明度。"模糊/羽化"选项用来设定框架边缘的模糊及羽化程度。"调和"选项用来选择框架与图像之间的混合方式。"水平、垂直"选项用来设定框架的大小比例。"旋转"选项用来设定框架的旋转角度。"翻转"按钮用来将框架垂直或水平翻转。"对齐"按钮用来在图像窗口中设定框架效果的中心点。"回到中心位置"按钮用来在图像窗口中重新设定中心点。

图 8-57

选择"位图 > 创造性 > 马赛克"命令，弹出"马赛克"对话框，单击对话框中的 回 按钮，显示对照预览窗口，如图 8-59 所示。

在"马赛克"对话框中，"大小"选项可以设置马赛克显示的大小。"背景色"可以设置马赛克的背景颜色。"虚光"复选框为马赛克图像添加模糊的羽化框架。

图 8-58

图 8-59

选择"位图 > 创造性 > 彩色玻璃"命令，弹出"彩色玻璃"对话框，单击对话框中的 ⊞ 按钮，显示对照预览窗口，如图 8-60 所示。

在"彩色玻璃"对话框中，"大小"选项设定彩色玻璃块的大小。"光源强度"选项设定彩色玻璃的光源强度。强度越小，显示越暗，强度越大，显示越亮。"焊接宽度"选项设定玻璃块焊接处的宽度。"焊接颜色"选项设定玻璃块焊接处的颜色。"三维照明"复选框显示彩色玻璃图像的三维照明效果。

选择"位图 > 创造性 > 虚光"命令，弹出"虚光"对话框，单击对话框中的 ⊞ 按钮，显示对照预览窗口，如图 8-61 所示。

在"虚光"对话框中，"颜色"设置区设定光照的颜色。"形状"设置区用来设定光照的形状。"偏移"选项用来设定框架的大小。"褪色"选项用来设定图像与虚光框架的混合程度。

图 8-60

图 8-61

◎ **扭曲**

选中位图，选择"位图 > 扭曲"子菜单下的命令，如图 8-62 所示。CorelDRAW X5 提供了10 种不同的扭曲效果，下面介绍几种常用的扭曲效果。

选择"位图 > 扭曲 > 块状"命令，弹出"块状"对话框，单击对话框中的 ⊞ 按钮，显示对照预览窗口，如图 8-63 所示。

在"块状"对话框中，"未定义区域"设置区可以设定背景部分的颜色。"块宽度、块高度"选项用来设定块状图像的尺寸大小。"最大偏移"选项用来设定块状图像的打散程度。

选择"位图 > 扭曲 > 置换"命令，弹出"置换"对话框，单击对话框中的 ⊞ 按钮，显示对照预览窗口，如图 8-64 所示。

在"置换"对话框中，"缩放模式"设置区可以选择"平铺"或"伸展适合"两种模式。单击 ▨ 按钮可以选择置换的图形。

图 8-62　　　　　　　　　　　图 8-63　　　　　　　　　　　图 8-64

选择"位图 > 扭曲 > 像素"命令，弹出"像素"对话框，单击对话框中的 ▣ 按钮，显示对照预览窗口，如图 8-65 所示。

在"像素"对话框中，"像素化模式"设置区选择像素化模式。当选择"射线"模式时，可以在预览窗口中设定像素化的中心点。"宽度、高度"选项用来设定像素色块的大小。"不透明"选项用来设定像素色块的不透明度，数值越小，色块就越透明。

选择"位图 > 扭曲 > 龟纹"命令，弹出"龟纹"对话框，单击对话框中的 ▣ 按钮，显示对照预览窗口，如图 8-66 所示。

在"龟纹"对话框中，在"周期、振幅"选项中，默认的波纹是同图像的顶端和底端平行的。拖动滑块，可以设定波纹的周期和振幅，在右边可以看到波纹的形状。

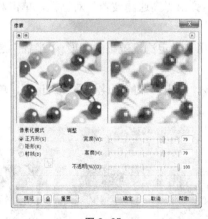

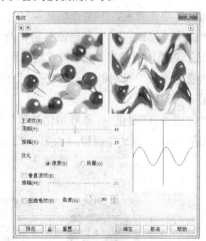

图 8-65　　　　　　　　　　　图 8-66

◎ **杂点**

选取位图，选择"位图 > 杂点"子菜单下的命令，如图 8-67 所示。CorelDRAW X5 提供了 6 种不同的杂点效果，下面介绍几种常见的杂点滤镜效果。

选择"位图 > 杂点 > 添加杂点"命令，弹出"添加杂点"对话框，单击对话框中的 ▣ 按钮，显示对照预览窗口，如图 8-68 所示。

在"添加杂点"对话框中，"杂点类型"选项设定要添加的杂点类型，有高斯式、尖突和均匀 3 种类型。高斯式杂点类型沿着高斯曲线添加杂点；尖突杂点类型比高斯式杂点类型添加的杂点少，常用来生成较亮的杂点区域；均匀杂点类型可在图像上相对地添加杂点。"层次、密度"选项可以设定杂点对颜色及亮度的影响范围及杂点的密度。"颜色模式"选项用来设定杂点的模式，在颜色下拉列表框中可以选择杂点的颜色。

选择"位图 > 杂点 > 去除龟纹"命令，弹出"去除龟纹"对话框，单击对话框中的 回 按钮，显示对照预览窗口，如图 8-69 所示。

在"去除龟纹"对话框中，"数量"选项用来设定龟纹的数量。"优化"设置区有"速度"和"质量"两个选项。"输出"选项用来设定新的图像分辨率。

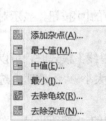

图 8-67

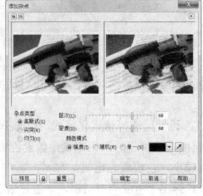

图 8-68

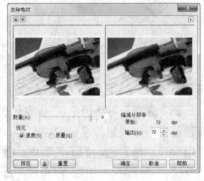

图 8-69

◎ 鲜明化

选中位图，选择"位图 > 鲜明化"子菜单下的命令，如图 8-70 所示。CorelDRAW X5 提供了 5 种不同的鲜明化效果，下面介绍几种常见的鲜明化滤镜效果。

选择"位图 > 鲜明化 > 高通滤波器"命令，弹出"高通滤波器"对话框，单击对话框中的 回 按钮，显示对照预览窗口，如图 8-71 所示。

在"高通滤波器"对话框中，"百分比"选项用来设定滤镜效果的程度。"半径"选项用来设定应用效果的像素范围。

选择"位图 > 鲜明化 > 非鲜明化遮罩"命令，弹出"非鲜明化遮罩"对话框，单击对话框中的 回 按钮，显示对照预览窗口，如图 8-72 所示。

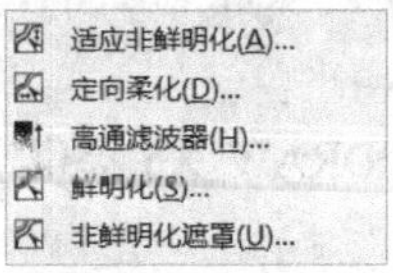

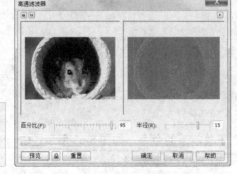

图 8-70

图 8-71

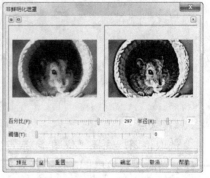

图 8-72

在"非鲜明化遮罩"对话框中,"百分比"选项可以设定滤镜效果的程度。"半径"选项可以设定应用效果的像素范围。"阈值"选项可以设定锐化效果的强弱,数值越小,效果就越明显。

8.1.5 【实战演练】制作饮食广告

使用导入命令和动态模糊命令添加和编辑图片;使用文本工具、轮廓笔命令和阴影工具制作标题文字;使用转换为位图命令和透视命令制作文字的透视效果。(最终效果参看光盘中的"Ch08 > 效果 > 制作饮食海报",见图8-73。)

图 8-73

8.2 ／ 制作手机广告

8.2.1 【案例分析】

本案例是为某手机公司设计制作的新品推广广告,主要以介绍产品的新功能为主,在设计上要求能体现出产品时尚现代的造型和极具特色的新功能。

8.2.2 【设计理念】

在设计制作过程中,砖红色的背景图片展示出一片生活的气息,揭示出产品与生活息息相关的特点,起到反衬的效果。添加手机图片在展示宣传产品的同时,丰富了画面颜色,给人时尚和现代感。标题文字的设计醒目直观、宣传性强。(最终效果参看光盘中的"Ch08 > 效果 > 制作手机广告",见图 8-74。)

图 8-74

8.2.3 【操作步骤】

1. 制作背景图形

步骤 1 按 Ctrl+N 组合键,新建一个页面。在属性栏的"页面度量"选项中分别设置宽度为420mm、高度为 265mm,按 Enter 键,页面尺寸显示为设置的大小。双击"矩形"工具 ,绘制一个与页面大小相等的矩形。

中等职业教育数字艺术类规划教材

步骤 2 选择"文件 > 导入"命令，弹出"导入"对话框。选择光盘中的"Ch08 > 素材 > 制作手机广告 > 01"文件，单击"导入"按钮。在页面中单击导入的图片，将其拖曳到适当的位置并调整其大小，效果如图 8-75 所示。按 Ctrl+PageDown 组合键将图片置后一层，效果如图 8-76 所示。

图 8-75

图 8-76

步骤 3 选择"效果 > 图框精确剪裁 > 放置在容器中"命令，鼠标指针变为黑色箭头形状，在矩形框上单击，如图 8-77 所示。将图片置入矩形中，效果如图 8-78 所示。在"CMYK 调色板"中的"无填充"按钮⊠上单击鼠标右键，取消图形的轮廓线。

图 8-77

图 8-78

步骤 4 选择"贝塞尔"工具，绘制两条曲线，如图 8-79 所示。选择"选择"工具，分别选取曲线，在属性栏中将"轮廓宽度" .2pt 选项设为 0.8，在"CMYK 调色板"中的"白"色块上单击鼠标右键，填充曲线，效果如图 8-80 所示。

图 8-79

图 8-80

步骤 5 选择"调和"工具，在两条直线之间应用调和，在属性栏中进行设置，如图 8-81 所示。按 Enter 键，效果如图 8-82 所示。

步骤 6 选择"透明度"工具，在属性栏中将"透明度类型"选项设为"标准"，其他选项的设置如图 8-83 所示。按 Enter 键，效果如图 8-84 所示。

图 8-81

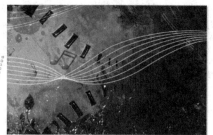

图 8-82

图 8-83

图 8-84

步骤 7 选择"效果 > 图框精确剪裁 > 放置在容器中"命令，鼠标指针变为黑色箭头形状，在矩形背景上单击，如图 8-85 所示。将调和图形置入到矩形背景中，效果如图 8-86 所示。

图 8-85

图 8-86

2. 导入并编辑图片

步骤 1 选择"文件 > 导入"命令，弹出"导入"对话框。选择光盘中的"Ch08 > 素材 > 制作手机广告 > 02"文件，单击"导入"按钮。在页面中单击导入的图片，将图片拖曳到适当的位置并调整其大小，效果如图 8-87 所示。

步骤 2 选择"阴影"工具 ，在图片上从上向下拖曳鼠标，为图片添加阴影效果。在属性栏中进行设置，如图 8-88 所示。按 Enter 键，效果如图 8-89 所示。

图 8-87

图 8-88

图 8-89

步骤 3 选择"文件 > 打开"命令，弹出"打开绘图"对话框。选择光盘中的"Ch08 > 素材 > 制作手机广告 > 03"文件，单击"打开"按钮。将图形粘贴到页面中，并拖曳到适当的位置，效果如图 8-90 所示。选择"选择"工具 ，按 Ctrl+PageDown 组合键将其置后一位，效果如图 8-91 所示。

图 8-90　　　　　　　　　　　图 8-91

步骤 4 选择"透明度"工具 ，在属性栏中将"透明度类型"选项设为"标准"，其他选项的设置如图 8-92 所示。按 Enter 键，效果如图 8-93 所示。

图 8-92　　　　　　　　　　　图 8-93

步骤 5 选择"文件 > 导入"命令，弹出"导入"对话框。选择光盘中的"Ch08 > 素材 > 制作手机广告 > 04"文件，单击"导入"按钮。在页面中单击导入的图片，将图片拖曳到适当的位置，效果如图 8-94 所示。选择"选择"工具 ，按 Ctrl+PageDown 组合键将其置后一位，效果如图 8-95 所示。

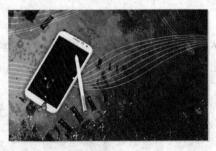

图 8-94　　　　　　　　　　　图 8-95

步骤 6 选择"文本 > 插入符号字符"命令，弹出"插入字符"面板。在面板中进行设置，如图 8-96 所示。选择"选择"工具 ，分别拖曳需要的字符到适当的位置，并调整其大小，填充字符为白色，并去除字符的轮廓线，如图 8-97 所示。

步骤 7 选择"选择"工具 ，再次复制多个字符，分别将其拖曳到适当的位置，并旋转到适当的角度，效果如图 8-98 所示。

| 图 8-96 | 图 8-97 | 图 8-98 |

步骤 8 选择"选择"工具 ，按住 Shift 键的同时将音符图形同时选取。按 Ctrl+G 组合键将图形群组，效果如图 8-99 所示。多次单击 Ctrl+PageDown 组合键，将图形置后到适当的位置，效果如图 8-100 所示。

| 图 8-99 | 图 8-100 |

3. 添加内容文字

步骤 1 选择"文本"工具 ，输入需要的文字。选择"选择"工具 ，在属性栏中选择合适的字体并设置文字大小。选择"形状"工具 ，向左拖曳文字下方的 图标，调整文字的字距，效果如图 8-101 所示。设置文字颜色的 CMYK 值为 0、100、0、0，填充文字。按 F12 键，弹出"轮廓笔"对话框。在"颜色"选项中设置轮廓线的颜色为白色，其他选项的设置如图 8-102 所示。单击"确定"按钮，效果如图 8-103 所示。

| 图 8-101 | 图 8-102 | 图 8-103 |

步骤 2 选择"效果 > 添加透视"命令，为文字添加透视点，如图 8-104 所示。选取需要的透视点，如图 8-105 所示。拖曳到适当的位置，文字效果如图 8-106 所示。

图 8-104

图 8-105

图 8-106

步骤 **3** 选择"文本"工具 ，输入需要的文字。选择"选择"工具 ，在属性栏中选择合适的字体并设置文字大小，选择"形状"工具 ，向左拖曳文字下方的 图标，调整文字的字距。设置文字颜色的 CMYK 值为 100、0、0、0，填充文字，效果如图 8-107 所示。按 F12 键，弹出"轮廓笔"对话框。在"颜色"选项中选择轮廓线的颜色为白色，其他选项的设置如图 8-108 所示。单击"确定"按钮，效果如图 8-109 所示。

图 8-107

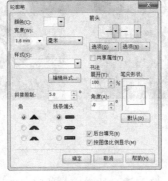

图 8-108

图 8-109

步骤 **4** 选择"效果 > 添加透视"命令，为文字添加透视点，如图 8-110 所示。选取需要的透视点，如图 8-111 所示。拖曳透视点到适当的位置，文字效果如图 8-112 所示。

图 8-110

图 8-111

图 8-112

步骤 **5** 选择"文本"工具 ，输入需要的文字。选择"选择"工具 ，在属性栏中选择合适的字体并设置文字大小。设置图形颜色的 CMYK 值为 0、0、100、0，填充文字，效果如图 8-113 所示。

步骤 **6** 选择"文本"工具 ，输入需要的文字。选择"选择"工具 ，在属性栏中选择合适的字体并设置文字大小，填允义子为白色，效果如图 8-114 所示。选择"文本 > 段落格式化"面板，选项的设置如图 8-115 所示。按 Enter 键，效果如图 8-116 所示。

图 8-113

图 8-114

图 8-115

图 8-116

步骤 7 选择 "基本形状" 工具 ，在属性栏中单击 "完美图形" 按钮 ，在弹出的面板中选择需要的图形，如图 8-117 所示。拖曳鼠标绘制图形，效果如图 8-118 所示。

图 8-117

图 8-118

步骤 8 选择 "形状" 工具 ，将光标移到图形的红色菱形块上，拖曳红色菱形块到适当的位置，效果如图 8-119 所示。

步骤 9 选择 "选择" 工具 ，向外拖曳图形右上方的控制手柄，将图形放大。设置图形填充颜色的 CMYK 值为 0、0、100、0，填充图形并去除图形的轮廓线。按 Ctrl+Q 组合键将十字形转换为曲线，效果如图 8-120 所示。

图 8-119　　　　　　　　　图 8-120

步骤 10 选择 "立体化" 工具 ，鼠标指针变为 形状，在图形上从中心向右上方拖曳鼠标。单击属性栏中的 "颜色" 按钮 ，在弹出的 "颜色" 面板中单击 "使用递减的颜色" 按钮 ，将 "从" 选项的颜色设为 "橘红"，"到" 选项的颜色设置为 "蓝紫"，其他选项的设置如图 8-121 所示。按 Enter 键，效果如图 8-122 所示。手机广告制作完成，效果如图 8-123 所示。

图 8-121

图 8-122

图 8-123

中等职业教育数字艺术类规划教材

8.2.4 【相关工具】

1. 制作立体效果

立体效果是利用三维空间的立体旋转和光源照射的功能来完成的。CorelDRAW X5 中的 "立体化" 工具 可以制作和编辑图形的三维效果。

绘制一个需要立体化的图形，如图 8-124 所示。选择 "立体化" 工具 ，在图形上按住鼠标左键并向右上方拖曳光标，如图 8-125 所示，达到需要的立体效果后，松开鼠标左键，图形的立体化效果如图 8-126 所示。

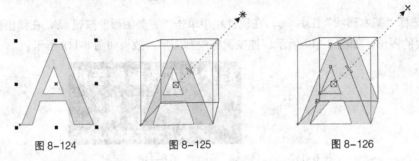

图 8-124　　　　　图 8-125　　　　　图 8-126

"立体化" 工具 的属性栏如图 8-127 所示。各选项的含义如下。

图 8-127

"立体化类型" 选项：单击弹出下拉列表，分别选择可以出现不同的立体化效果。

"深度" 选项：可以设置图形立体化的深度。

"灭点属性" 选项：可以设置灭点的属性。

"vp 对象/vp 页面" 按钮 ：可以将灭点锁定到页面上，在移动图形时灭点不能移动，立体化的图形形状会改变。

"立体的方向" 按钮 ：单击此按钮，弹出旋转设置框，光标放在三维旋转设置区内会变为手形，拖曳鼠标可以在三维旋转设置区中旋转图形，页面中的立体化图形会进行相应的旋转。单击 按钮，设置区中出现 "旋转值" 数值框，可以精确地设置立体化图形的旋转数值。单击 按钮，恢复到设置区的默认设置。

"颜色" 按钮 ：单击此按钮，弹出立体化图形的 "颜色" 设置区。在颜色设置区中有 3 种颜色设置模式，分别是 "使用对象填充" 模式 、"使用纯色" 模式 和 "使用递减的颜色" 模式 。

"照明" 按钮 ：单击此按钮，弹出照明设置区，在设置区中可以为立体化图形添加光源。

"斜角修饰边" 按钮 ：单击此按钮，弹出 "斜角修饰" 设置区，通过拖动面板中图例的节点来添加斜角效果，也可以在增量框中输入数值来设定斜角。勾选 "只显示斜角修饰边" 复选框，将只显示立体化图形的斜角修饰边。

2. 表格工具

选择"表格"工具 ▦ ，在绘图页面中按住鼠标左键不放，从左上角向右下角拖曳鼠标到需要的位置，松开鼠标左键，表格状的图形绘制完成，如图 8-128 所示。绘制的表格属性栏如图 8-129 所示。

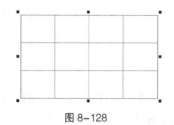

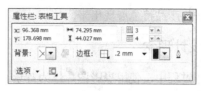

图 8-128   图 8-129

属性栏中各选项的功能如下。

▦ 框：可以重新设定表格的列和行，绘制出需要的表格。

背景：▨ ：选择和设置表格的背景色。单击"编辑填充"按钮 ✎ ，可弹出"均匀填充"对话框，更改背景的填充色。

边框：▢ .2 mm ▼ ▪ ▼ ⬠ ：用于选择并设置表格边框线的粗细、颜色。单击"轮廓笔"按钮 ⬠ ，弹出"轮廓笔"对话框，用于设置轮廓线的属性，如线条宽度、角形状、箭头类型等。

"选项"按钮：选择是否在键入数据时自动调整单元格的大小以及在单元格间添加空格。

"段落文本换行"按钮 ▣ ：选择段落文本环绕对象的样式并设置偏移的距离。

"到图层前面"按钮 ▣ 和"到图层后面"按钮 ▣ ：将表格移动到图层的最前面或最后面。

8.2.5 【实战演练】制作演唱会广告

使用立体化工具制作标题文字的立体效果；使用轮廓图工具和封套工具制作宣传文字效果；使用表格工具绘制并编辑表格；使用多边形工具和复制命令绘制星形图形。（最终效果参看光盘中的"Ch08 > 效果 > 制作演唱会广告"，见图 8-130。）

图 8-130

8.3　综合演练——制作汽车广告

8.3.1　【案例分析】

本案例是为某汽车品牌制作的宣传广告。设计要求将图片及文字合理运用搭配，以独特的视角和新颖的手法将产品特色展现出来。

8.3.2　【设计理念】

在设计制作过程中，使用摄影图片作为背景，给人自然和亲切的印象；将产品图片作为图片的中心，在展示产品的同时，加深人们的印象；橙色的标志、文字和标签醒目突出，起到强调的作用；下方整齐排列的小照片在介绍产品特色的同时，达到宣传的目的。

8.3.3　【知识要点】

使用文本工具和轮廓笔命令制作文字效果；使用矩形工具和图框精确剪裁命令制作图片效果。（最终效果参看光盘中的"Ch08 > 效果 > 制作汽车广告"，见图 8-131。）

图 8-131

8.4　综合演练——制作数码产品广告

8.4.1　【案例分析】

本案例是为数码产品的折扣活动制作的宣传广告，设计要求体现本次活动的热情以及欢乐的氛围，能够吸引消费者的注意。

8.4.2　【设计理念】

在设计制作过程中，使用紫色的渐变作为背景，在展现出高贵气质的同时，能加深人们的印象，起到衬托的效果；以通过艺术处理的文字作为广告的主体，使人们一目了然，宣传性强；左下角的产品醒目突出，让人印象深刻。

8.4.3　【知识要点】

使用文本工具和轮廓图工具制作标题文字；使用矩形工具、和椭圆形工具制作装饰图形；使用文本工具添加文字。（最终效果参看光盘中的"Ch08 > 效果 > 制作数码产品广告"，见图8-132。）

图 8-132

第9章 包装设计

包装代表着一个商品的品牌形象。好的包装设计可以让商品在同类产品中脱颖而出，吸引消费者的注意力并引发其购买行为。包装设计可以起到美化商品及传达商品信息的作用，更可以极大地提高商品的价值。本章以多个类别的包装为例，讲解包装的设计方法和制作技巧。

课堂学习目标

- 了解包装的概念
- 了解包装的功能和分类
- 掌握包装的设计思路和过程
- 掌握包装的制作方法和技巧

9.1 制作牛奶包装

9.1.1 【案例分析】

本案例是为乳品公司设计制作鲜牛奶包装盒效果图。设计要求造型简洁，突出宣传牛奶的口感及质量，整体设计具有品质与质量感。

9.1.2 【设计理念】

在设计制作过程中，使用深蓝色与乳白色作为包装设计的主体，在突出产品质量的同时，给人沉稳大气的印象；运用素描的方式展现牧场的风景，具有空间感及设计感；整体包装朴素，充分体现出牛奶的特色与品质。（最终效果参看光盘中的"Ch09 > 效果 > 制作牛奶包装"，见图9-1。）

图 9-1

9.1.3 【操作步骤】

1. 绘制包装正立面图

步骤 1 按 Ctrl+N 组合键，新建一个页面。在属性栏的"页面度量"选项中分别设置宽度为400mm、高度为400mm，按 Enter 键，页面尺寸显示为设置的大小。选择"矩形"工具 ，在页面中适当的位置拖曳鼠标绘制一个矩形，如图9-2所示。设置矩形颜色的 CMYK 值为 0、0、8、

0，填充图形，效果如图 9-3 所示。在"CMYK 调色板"中的"20%黑"色块上单击鼠标右键，填充图形的轮廓线，效果如图 9-4 所示。

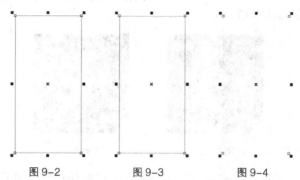

图 9-2   图 9-3   图 9-4

步骤 2 按 Ctrl+I 组合键，弹出"导入"对话框。选择光盘中的"Ch09 > 素材 > 制作牛奶包装 > 01 文件"，单击"导入"按钮。在页面中单击导入的图片，拖曳到适当的位置并调整其大小，效果如图 9-5 所示。

步骤 3 选择"选择"工具 ➤ 选取图片，选择"效果 > 图框精确剪裁 > 放置在容器中"命令，鼠标指针变为黑色箭头形状，在矩形背景上单击，如图 9-6 所示，将图片置入到背景矩形中，效果如图 9-7 所示。

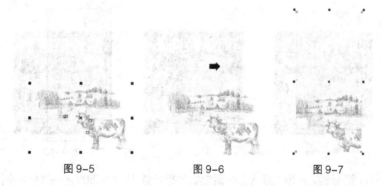

图 9-5   图 9-6   图 9-7

步骤 4 选择"矩形"工具 □，在页面适当的位置绘制一个矩形，如图 9-8 所示。按 Ctrl+Q 组合键将图形转换为曲线。选择"形状"工具 ➤，分别在需要的位置双击鼠标左键，添加节点，如图 9-9 所示。单击矩形左下角的节点，按 Delete 键删除节点，如图 9-10 所示。设置矩形颜色的 CMYK 值为 100、100、30、50，填充图形，效果如图 9-11 所示。

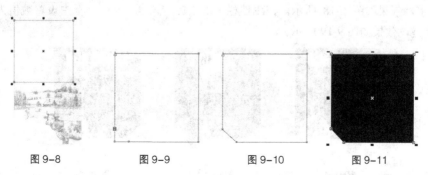

图 9-8   图 9-9   图 9-10   图 9-11

步骤 5 选择"文本"工具 字，在页面适当的位置输入需要的文字。选择"选择"工具 ➤，在属性栏中选取适当的字体并设置文字大小。设置文字颜色的 CMYK 值为 80、40、100、0，填充文字，效果如图 9-12 所示。选择"形状"工具 ，向左拖曳文字下方的 图标，调整文字的间距，效果如图 9-13 所示。

图 9-12　　　　　　　图 9-13

步骤 6 选择"文本"工具 ，在适当的位置分别输入需要的文字。选择"选择"工具 ，在属性栏中分别选取适当的字体并设置文字大小，效果如图 9-14 所示。

步骤 7 按 Ctrl+I 组合键，弹出"导入"对话框。选择光盘中的"Ch09 > 素材 > 制作牛奶包装 > 02"文件，单击"导入"按钮。在页面中单击导入的图片，将其拖曳到适当的位置并调整其大小，效果如图 9-15 所示。

步骤 8 选择"手绘"工具 ，按住 Ctrl 键的同时，在适当的位置分别绘制两条直线，在属性栏中的"轮廓宽度" .2pt 框中设置数值为 0.5pt，并填充轮廓线为白色，效果如图 9-16 所示。

图 9-14　　　　　　图 9-15　　　　　　图 9-16

步骤 9 按 Ctrl+I 组合键，弹出"导入"对话框。选择光盘中的"Ch09 > 素材 > 制作牛奶包装 > 03"文件，单击"导入"按钮。在页面中单击导入的图片，将其拖曳到适当的位置并调整其大小，效果如图 9-17 所示。

步骤 10 选择"文本"工具 ，在适当的位置输入需要的文字。选择"选择"工具 ，在属性栏中选取适当的字体并设置文字大小。设置文字颜色的 CMYK 值为 100、100、30、50，填充文字，效果如图 9-18 所示。在属性栏中的"旋转角度" .0 框中设置数值为 13.9，按 Enter 键，效果如图 9-19 所示。

图 9-17　　　　　　图 9-18　　　　　　图 9-19

步骤 11 选择"文本"工具 ，在适当的位置分别输入需要的文字。选择"选择"工具 ，在属性栏中分别选取适当的字体并设置文字大小。设置文字颜色的 CMYK 值为 100、100、30、50，填充文字，效果如图 9-20 所示。

步骤 12　使用"文本"工具 字，在页面下方再次输入需要的文字。选择"选择"工具 ，在属性栏中选取适当的字体并设置文字大小，填充文字相同的颜色，效果如图 9-21 所示。按 Esc 键取消选取状态，"包装正立面图"制作完成，效果如图 9-22 所示。

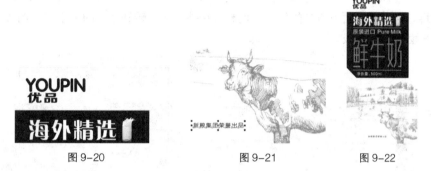

图 9-20　　　　　　　　　　图 9-21　　　　　　　图 9-22

2. 绘制包装侧立面图

步骤 1　选择"矩形"工具 ，在页面适当的位置拖曳鼠标绘制一个矩形。设置矩形颜色的 CMYK 值为 0、0、8、0，填充图形，效果如图 9-23 所示。在"CMYK 调色板"中的"20%黑"色块上单击鼠标右键，填充图形的轮廓线，效果如图 9-24 所示。

步骤 2　按 Ctrl+I 组合键，弹出"导入"对话框。选择光盘中的"Ch09 > 素材 > 制作牛奶包装 > 04 文件"，单击"导入"按钮。在页面中单击导入的图片，拖曳到适当的位置并调整其大小，效果如图 9-25 所示。

图 9-23　　　　　　　　图 9-24　　　　　　　　图 9-25

步骤 3　选择"选择"工具 ，用圈选的方法选取"包装正立面图"中的文字，如图 9-26 所示。选择"选择"工具 ，按数字键盘上的+键复制一个文字，并将其拖曳到"侧立面图"适当的位置，如图 9-27 所示。

图 9-26　　　　　　　　　　图 9-27

步骤 4　选择"文本"工具 字，在侧立面图中适当位置分别输入需要的文字。选择"选择"工

具 ⟨, 在属性栏中选取适当的字体并设置文字大小。设置文字颜色的 CMYK 值为 100、100、30、50, 填充文字, 效果如图 9-28 所示。

步骤 5 选择"编辑 > 插入条形码"命令, 弹出"条码向导"对话框, 在各项选项进行设置, 如图 9-29 所示。设置好后, 单击"下一步"按钮, 在设置区内按需要进行各项设置, 如图 9-30 所示。设置好后, 单击"下一步"按钮, 在设置区内按需要进行各项设置, 如图 9-31 所示。设置好后, 单击"完成"按钮, 效果如图 9-32 所示。选择"选择"工具 ⟨ 选取条形码, 将其拖曳到页面中适当的位置, 调整大小并将其旋转到适当的大小, 如图 9-33 所示, 包装平面图制作完成。

图 9-28

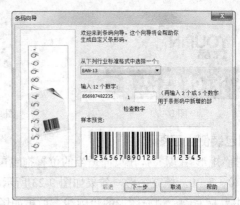

图 9-29

图 9-30

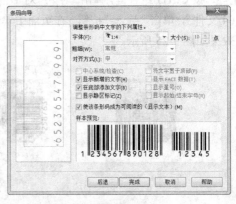

图 9-31

图 9-32

图 9-33

3. 制作包装立体效果

步骤 1 选择"选择"工具 ⟨, 用圈选的方法选取"包装正立面图形", 如图 9-34 所示。选择

"文件 > 导出"命令，在对话框中选择导出路径，单击"导出"按钮 ［导出］，弹出"导出到 JPEG"对话框，选项的设置如图 9-35 所示，单击"确定"按钮，将图形导出文件。使用同样的方法，将"侧立面图"导出。

图 9-34

图 9-35

步骤 2 运行 CorelDRAW X5 软件，按 Ctrl+N 组合键新建一个页面。在属性栏的"页面度量"选项中设置宽度、高度的数值为 500mm，按 Enter 键，页面尺寸显示为设置的大小。选择"矩形"工具 □，在页面中适当的位置绘制一个与页面大小相等的矩形，如图 9-36 所示。

步骤 3 选择"渐变填充"工具 ■，弹出"渐变填充"对话框。单击"双色"单选钮，将"从"选项颜色设置为黑色，"到"选项颜色设置为白色，其他选项的设置如图 9-37 所示。单击"确定"按钮，填充图形并去除图形的轮廓线，效果如图 9-38 所示。

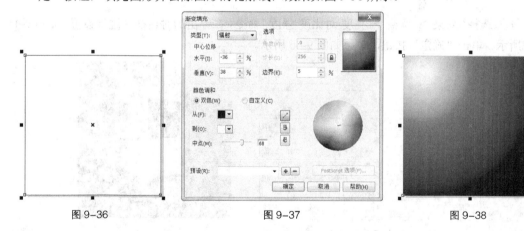

图 9-36　　　　　　　　　　　图 9-37　　　　　　　　　　　图 9-38

步骤 4 按 Ctrl+I 组合键，弹出"导入"对话框。分别选择光盘中的"Ch09 > 素材 > 制作牛奶包装 > 05、06 文件"，单击"导入"按钮。在页面中单击导入的图片，分别拖曳到适当的位置并调整其大小，效果如图 9-39 所示。

步骤 5 选择"选择"工具 ▷ 选取立面图片，选择"位图 > 三维效果 > 透视"命令，在弹出的"透视"对话框中，单击"透视"单选钮，在左下角的显示框中用鼠标拖动控制点，如图 9-40 所示。单击"确定"按钮，效果如图 9-41 所示。

步骤 6 选择"形状"工具 ⬝，分别调整节点到适当的位置，如图 9-42 所示。选择"选择"工具 ▷，向右拖曳图片右侧中间的控制手柄到适当的位置，效果如图 9-43 所示。使用相同的方法，制作出侧立面图的透视效果，如图 9-44 所示。

图 9-39

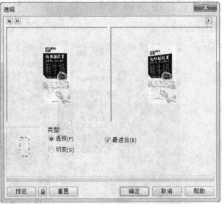

图 9-40

图 9-41

图 9-42

图 9-43

图 9-44

步骤 ⑦ 选择"效果 > 调整 > 亮度/对比度/强度"命令，在弹出的对话框中进行设置，如图 9-45 所示。单击"确定"按钮，效果如图 9-46 所示。

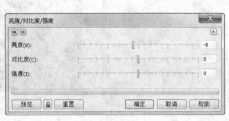

图 9-45

图 9-46

步骤 ⑧ 使用相同的方法，再制作出一组透视效果，拖曳到页面适当的位置，如图 9-47 所示。选择"选择"工具 ，选取立面图片，选择"透明度"工具 ，在图形对象上从上到下拖曳鼠标，为图形添加透明度效果，属性栏中的设置如图 9-48 所示。按 Enter 键，效果如图 9-49 所示。

步骤 ⑨ 选择"选择"工具 ，选取侧立面图片，选择"透明度"工具 ，在图形对象上从上到下拖曳鼠标，为图形添加透明度效果，属性栏中的设置如图 9-50 所示。按 Enter 键，效果如图 9-51 所示，牛奶包装立体效果制作完成。

图 9-47

图 9-48

图 9-49

图 9-50

图 9-51

9.1.4　【相关工具】

在设计和制作图形的过程中，经常会使用到透视效果。下面介绍如何在 CorelDRAW X5 中制作透视效果。

打开要制作透视效果的图形，使用"选择"工具 ▨ 将图形选中，效果如图 9-52 所示。选择"效果 > 添加透视"命令，在图形的周围出现控制线和控制点，如图 9-53 所示。用鼠标拖曳控制点，制作需要的透视效果，在拖曳控制点时出现了透视点×，如图 9-54 所示。用鼠标可以拖曳透视点×，同时可以改变透视效果，如图 9-55 所示。制作好透视效果后，按空格键确定完成的效果。

图 9-52　　　　　图 9-53：　　　　　图 9-54　　　　　图 9-55

要修改已经制作好的透视效果，需双击图形，再对已有的透视效果进行调整即可。选择"效果 > 清除透视点"命令，可以清除透视效果。

9.1.5　【实战演练】制作月饼包装

使用渐变填充工具制作背景渐变；使用导入命令、透明度工具和图框精确剪裁命令制作背景花纹；使用阴影工具制作圆形装饰图形的发光效果；使用字符格式化面板调整文字间距。（最终效果参看光盘中的"Ch09 > 效果 > 制作月饼包装"，见图 9-56。）

图 9-56

9.2 制作红酒包装

9.2.1 【案例分析】

本案例是为某红酒生产商设计制作新产品包装效果图。这款新产品以古典华丽的造型、纯正独特的配方为主要宣传点，在包装盒的设计上要运用简单的设计和文字展示出产品的主要功能特点。

9.2.2 【设计理念】

在设计制作过程中，首先使用深红色背景配以金色的图案及文字，展现出此款红酒的高端品质，优美的瓶身曲线揭示出产品典雅的气质。整体包装突出了宣传重点，达到了宣传的效果，与主题相呼应。（最终效果参看光盘中的"Ch09 > 效果 > 制作红酒包装"，见图 9-57。）

图 9-57

9.2.3 【操作步骤】

1.制作包装平面图

步骤 **1** 按 Ctrl+N 组合键，新建一个 A4 页面。单击属性栏中的"横向"按钮 □，显示为横向页面。

步骤 **2** 选择"矩形"工具 □ 绘制一个矩形，如图 9-58 所示。选择"椭圆形"工具 ○ 绘制一个椭圆形，如图 9-59 所示。

步骤 **3** 选择"选择"工具 ▷，用圈选的方法将两个图形同时选取，单击属性栏中的"合并"按钮 □，将两个图形合并为一个图形，效果如图 9-60 所示。设置图形颜色的 CMYK 值为30、100、100、0，填充图形，并去除图形的轮廓线，效果如图 9-61 所示。

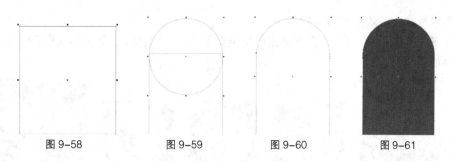

| 图 9-58 | 图 9-59 | 图 9-60 | 图 9-61 |

步骤 4　选择"选择"工具 ，单击数字键盘上的+键复制图形。按住 Shift 键的同时，向中心
拖曳右上角的控制手柄，等比例缩小图形，效果如图 9-62 所示。

步骤 5　按 F12 键，弹出"轮廓笔"对话框，在"颜色"选项中设置轮廓线颜色的 CMYK 值为
0、20、60、20，其他选项的设置如图 9-63 所示。单击"确定"按钮，效果如图 9-64 所示。
用相同的方法制作其他图形，效果如图 9-65 所示。

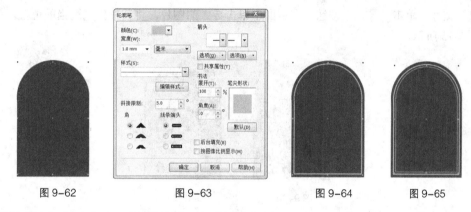

| 图 9-62 | 图 9-63 | 图 9-64 | 图 9-65 |

步骤 6　选择"贝塞尔"工具 绘制一条曲线，如图 9-66 所示。按 F12 键，弹出"轮廓笔"对
话框，在"颜色"选项中设置轮廓线颜色的 CMYK 值为 0、20、60、20，其他选项的设置如
图 9-67 所示。单击"确定"按钮，效果如图 9-68 所示。

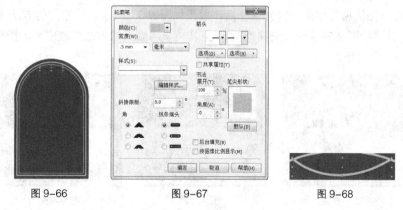

| 图 9-66 | 图 9-67 | 图 9-68 |

步骤 7　选择"椭圆形"工具 ，按住 Ctrl 键的同时绘制一个圆形。设置图形颜色的 CMYK 值
为 0、20、60、20，填充图形并去除图形的轮廓线，效果如图 9-69 所示。

步骤 8　选择"贝塞尔"工具 绘制一个图形，如图 9-70 所示。选择"选择"工具 ，用圈
选的方法选取需要的图形，如图 9-71 所示。单击属性栏中的"移除前面对象"按钮 ，对

图形进行修剪，效果如图 9-72 所示。

步骤 9 选择"选择"工具 ，多次单击数字键盘上的+键复制图形，并分别拖曳到适当的位置，效果如图 9-73 所示。

图 9-69   图 9-70   图 9-71   图 9-72   图 9-73

步骤 10 选择"文本"工具 ，分别输入需要的文字。选择"选择"工具 ，分别在属性栏中选取适当的字体并设置文字大小，填充适当的颜色，效果如图 9-74 所示。

步骤 11 按 Ctrl+I 组合键，弹出"导入"对话框。选择光盘中的"Ch09 > 素材 > 制作红酒包装 > 01"文件，单击"导入"按钮。在页面中单击导入的图片，将其拖曳到适当的位置，效果如图 9-75 所示。

图 9-74   图 9-75

步骤 12 选择"文本"工具 ，分别输入需要的文字。选择"选择"工具 ，分别在属性栏中选取适当的字体并设置文字大小，效果如图 9-76 所示。

步骤 13 选择"选择"工具 ，选择文字"酒精度……"。选择"形状"工具 ，向左拖曳文字下方的 图标调整字距，松开鼠标后，效果如图 9-77 所示。用相同的方法调整其他文字的字距，效果如图 9-78 所示。选择"选择"工具 ，用圈选的方法选取需要的图形。按 Ctrl+G 组合键将图形群组。

图 9-76   图 9-77   图 9-78

2.制作包装展示图

步骤 1 选择"贝塞尔"工具 ，绘制一个图形，如图 9-79 所示。选择"网状填充"工具 ，在属性栏中进行设置，如图 9-80 所示。按 Enter 键，效果如图 9-81 所示。

图 9-79 图 9-80 图 9-81

步骤 [2] 选择"网状填充"工具 ▦，用圈选的方法选取需要的节点，如图 9-82 所示。选择"窗
口 > 泊坞窗 > 彩色"命令，弹出"颜色"对话框，设置需要的颜色，如图 9-83 所示。单
击"填充"按钮，效果如图 9-84 所示。用相同的方法选取其他节点，分别填充适当的颜色，
并去除图形的轮廓线，效果如图 9-85 所示。

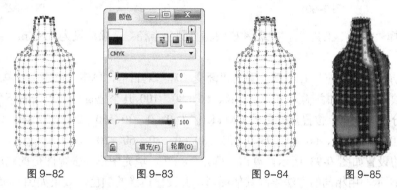

图 9-82 图 9-83 图 9-84 图 9-85

步骤 [3] 选择"贝塞尔"工具 ▨，绘制一个图形，设置图形颜色的 CMYK 值为 45、100、100、
14，填充图形并去除图形的轮廓线，效果如图 9-86 所示。

步骤 [4] 选择"贝塞尔"工具 ▨，绘制一个图形，填充图形为黑色，并去除图形的轮廓线，效果
如图 9-87 所示。

步骤 [5] 选择"矩形"工具 ▢，在属性栏中将"圆角半径"选项均设为 30mm，绘制一个圆角
矩形，填充图形为黑色并去除图形的轮廓线，效果如图 9-88 所示。

步骤 [6] 选择"选择"工具 ▨，多次单击数字键盘上的+键复制图形，并分别拖曳到适当的位置，
效果如图 9-89 所示。

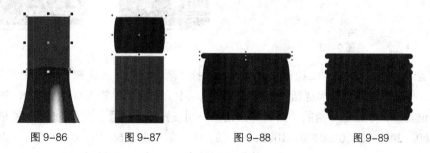

图 9-86 图 9-87 图 9-88 图 9-89

步骤 [7] 选择"矩形"工具 ▢，在属性栏中将"圆角半径"选项均设为 5mm，绘制一个圆角矩
形。按 F11 键，弹出"渐变填充"对话框，单击"双色"单选钮，将"从"选项颜色的 CMYK
值设为 0、0、0、30，"到"选项颜色的 CMYK 值设为 0、0、0、100，其他选项的设置如图

9-90 所示。单击"确定"按钮，填充图形并去除图形的轮廓线，效果如图 9-91 所示。

步骤 8 选择"选择"工具 ，多次单击数字键盘上的+键复制图形，并分别调整其位置和大小，效果如图 9-92 所示。

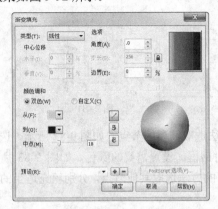

图 9-90 　　　　　　　　　　图 9-91 　　　　　　　　图 9-92

步骤 9 选择"矩形"工具 ，在属性栏中将"圆角半径"选项均设为 6.8mm，绘制一个圆角矩形。

步骤 10 选择"渐变填充"工具 ，弹出"渐变填充"对话框，单击"自定义"单选钮，在"位置"选项中分别添加并输入 0、22、40、66、80、100 几个位置点，单击右下角的"其它"按钮，分别设置几个位置点颜色的 CMYK 值为 0（0、20、60、20）、22（0、0、0、100）、40（0、0、60、20）、66（0、0、0、0）、80（0、20、60、20）、100（0、20、60、20），其他选项的设置如图 9-93 所示。单击"确定"按钮，填充图形并去除图形的轮廓线，效果如图 9-94 所示。用相同的方法绘制其他图形，并设置适当的颜色，效果如图 9-95 所示。

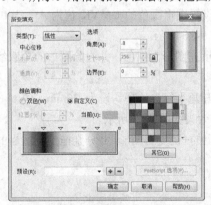

图 9-93 　　　　　　　　　　图 9-94 　　　　　　　　图 9-95

步骤 11 选择"矩形"工具 绘制一个矩形。选择"渐变填充"工具 ，弹出"渐变填充"对话框，单击"自定义"单选钮，在"位置"选项中分别添加并输入 0、22、40、66、80、100 几个位置点，单击右下角的"其它"按钮，分别设置几个位置点颜色的 CMYK 值为 0（0、20、60、20）、22（0、0、0、100）、40（0、0、60、20）、66（0、0、0、0）、80（0、20、60、20）、100（0、20、60、20），其他选项的设置如图 9-96 所示。单击"确定"按钮，填充图形并去除图形的轮廓线，效果如图 9-97 所示。用相同的方法制作其他图形，并填充适当的颜色，效果如图 9-98 所示。

步骤 12 选择"矩形"工具 □ 绘制一个矩形，填充图形为黑色并去除图形的轮廓线，效果如图 9-99 所示。

步骤 13 选择"文本"工具 字 输入需要的文字，选择"选择"工具 ↳，在属性栏中选取适当的 字体并设置文字大小，设置文字颜色的 CMYK 值为 0、20、60、20，填充文字，效果如图 9-100 所示。

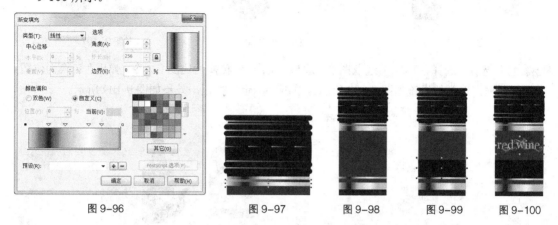

图 9-96   图 9-97   图 9-98   图 9-99   图 9-100

步骤 14 选择"选择"工具 ↳，选择需要的图形，如图 9-101 所示。按数字键盘上的+键复制图 形，并调整其位置和大小，效果如图 9-102 所示。

图 9-101   图 9-102

步骤 15 选择"选择"工具 ↳，用圈选的方法选取需要的图形，如图 9-103 所示。单击属性栏 中的"创建边界"按钮 ▣，为图形创建一个边界，填充边界为黑色并去除图形的轮廓线， 效果如图 9-104 所示。

图 9-103   图 9-104

步骤 16 选择"效果 > 添加透视"命令，在图形周围出现控制线和控制点，如图 9-105 所示。 选择左上角的控制点，并将其拖曳到适当的位置，效果如图 9-106 所示。用相同的方法调整 其他控制点，为图形添加透视效果，如图 9-107 所示。

图 9-105

图 9-106

图 9-107

步骤 17 选择"选择"工具 ，选取图形。选择"位图 > 转换为位图"命令，弹出"转换为位图"对话框，选项的设置如图 9-108 所示。单击"确定"按钮，效果如图 9-109 所示。

图 9-108

图 9-109

步骤 18 选择"位图 > 模糊 > 高斯式模糊"命令，弹出"高斯式模糊"对话框，选项的设置如图 9-110 所示。单击"确定"按钮，效果如图 9-111 所示。

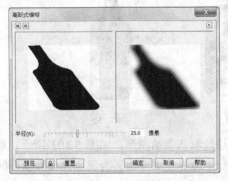

图 9-110

图 9-111

步骤 19 选择"透明度"工具 ，在属性栏中将"透明度类型"选项设为"标准"，其他选项的设置如图 9-112 所示。按 Enter 键，然后多次按 Ctrl+PageDown 组合键将图形置后到适当的位置，效果如图 8-113 所示。

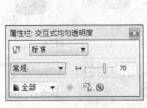

图 9-112

图 9-113

步骤 12 选择"矩形"工具 ⬚ 绘制一个矩形，填充图形为黑色并去除图形的轮廓线，效果如图 9-99 所示。

步骤 13 选择"文本"工具 字 输入需要的文字，选择"选择"工具 ⬚，在属性栏中选取适当的字体并设置文字大小，设置文字颜色的 CMYK 值为 0、20、60、20，填充文字，效果如图 9-100 所示。

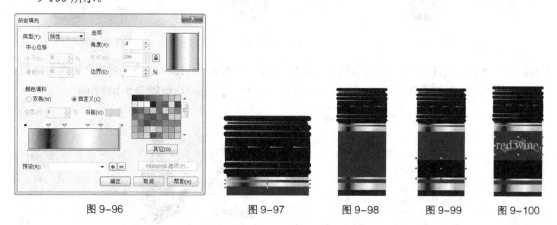

图 9-96　　　　图 9-97　　　　图 9-98　　　　图 9-99　　　　图 9-100

步骤 14 选择"选择"工具 ⬚，选择需要的图形，如图 9-101 所示。按数字键盘上的+键复制图形，并调整其位置和大小，效果如图 9-102 所示。

图 9-101　　　　　　　　图 9-102

步骤 15 选择"选择"工具 ⬚，用圈选的方法选取需要的图形，如图 9-103 所示。单击属性栏中的"创建边界"按钮 ⬚，为图形创建一个边界，填充边界为黑色并去除图形的轮廓线，效果如图 9-104 所示。

图 9-103　　　　　　　　图 9-104

步骤 16 选择"效果 > 添加透视"命令，在图形周围出现控制线和控制点，如图 9-105 所示。选择左上角的控制点，并将其拖曳到适当的位置，效果如图 9-106 所示。用相同的方法调整其他控制点，为图形添加透视效果，如图 9-107 所示。

图 9-105　　　　　　　　　　图 9-106　　　　　　　　　图 9-107

步骤 17　选择"选择"工具 ▶ 选取图形。选择"位图 > 转换为位图"命令，弹出"转换为位图"对话框，选项的设置如图 9-108 所示。单击"确定"按钮，效果如图 9-109 所示。

图 9-108　　　　　　　　　　　图 9-109

步骤 18　选择"位图 > 模糊 > 高斯式模糊"命令，弹出"高斯式模糊"对话框，选项的设置如图 9-110 所示。单击"确定"按钮，效果如图 9-111 所示。

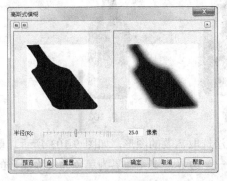 

图 9-110　　　　　　　　　　　图 9-111

步骤 19　选择"透明度"工具 ，在属性栏中将"透明度类型"选项设为"标准"，其他选项的设置如图 9-112 所示。按 Enter 键，然后多次按 Ctrl+PageDown 组合键将图形置后到适当的位置，效果如图 8-113 所示。

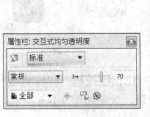 

图 9-112　　　　　　　　　　　图 9-113

9.2.4 【相关工具】

1. 使用封套效果

打开一个要制作封套效果的图形，如图 9-114 所示。选择"封套"工具 ，单击图形，图形外围显示封套的控制线和控制点，如图 9-115 所示。用鼠标拖曳需要的控制点到适当的位置松开鼠标，可以改变图形的外形，如图 9-116 所示。选择"选择"工具 并按 Esc 键，取消选取，图形的封套效果如图 9-117 所示。

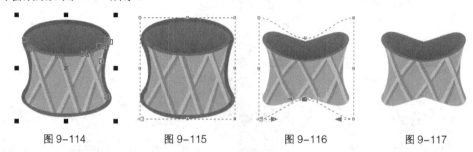

图 9-114   图 9-115   图 9-116   图 9-117

"封套"工具 的属性栏如图 9-118 所示。其中各选项的含义如下。

图 9-118

"预设列表" 选项：可以选择需要的预设封套效果。

"封套的直线模式"按钮 、"封套的单弧模式"按钮 、"封套的双弧模式"按钮 和"封套的非强制模式"按钮 ：可以选择不同的封套编辑模式。

"映射模式" 列表框：包含 4 种映射模式，分别是"水平"模式、"原始的"模式、"自由变形"模式和"垂直"模式。使用不同的映射模式可以使封套中的对象符合封套的形状，制作出需要的变形效果。

2. 制作阴影效果

阴影效果是经常使用的一种特效，使用"阴影"工具 可以快速给图形制作阴影效果，还可以设置阴影的透明度、角度、位置、颜色和羽化程度。下面介绍如何制作阴影效果。

打开一个图形，使用"选择"工具 选取图形，如图 9-119 所示。再选择"阴影"工具 ，将鼠标指针放在图形上，按住鼠标左键并向阴影投射的方向拖曳鼠标，如图 9-120 所示。到需要的位置后松开鼠标左键，阴影效果如图 9-121 所示。

拖曳阴影控制线上的图标，可以调节阴影的透光程度。拖曳时越靠近 图标，透光度越小，阴影越淡，如图 9-122 所示。拖曳时越靠近 图标，透光度越大，阴影越浓，如图 9-123 所示。

"阴影"工具 的属性栏如图 9-124 所示。其中各选项的含义如下。

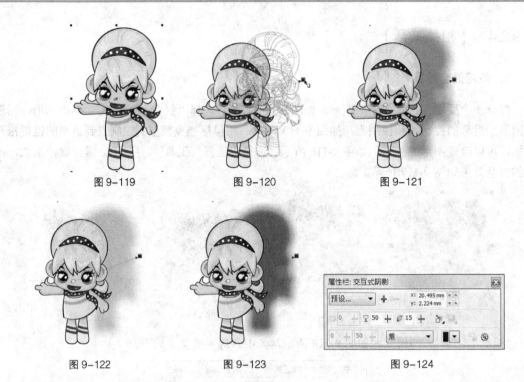

图 9-119　　　　　　图 9-120　　　　　　图 9-121

图 9-122　　　　　　图 9-123

图 9-124

"预设列表"选项 预设... ▼：选择需要的预设阴影效果。单击预设框后面的 ➕ 或 ➖ 按钮，可以添加或删除预设框中的阴影效果。

"阴影偏移"选项 、阴影角度 □ 0 ＋：可以设置阴影的偏移位置和角度。

"阴影的不透明"选项 51 ＋：可以设置阴影的透明度。

"阴影羽化"选项 15 ＋：可以设置阴影的羽化程度。

"阴影羽化方向"按钮：可以设置阴影的羽化方向。单击此按钮可弹出"羽化方向"设置区，如图 9-125 所示。

"阴影羽化边缘"按钮：可以设置阴影的羽化边缘模式。单击此按钮可弹出"羽化边缘"设置区，如图 9-126 所示。

"阴影淡出"、"阴影延展"选项 0 ＋ 50 ＋：可以设置阴影的淡化和延展。

"阴影颜色"选项 ■ ▼：可以改变阴影的颜色。

图 9-125　　　　　图 9-126

3．编辑轮廓图效果

轮廓图效果是由图形中向内部或者外部放射的层次效果，它由多个同心线圈组成。下面介绍如何制作轮廓图效果。

绘制一个图形，如图 9-127 所示。在图形轮廓上方的节点上单击鼠标右键，并向内拖曳光标至需要的位置，松开鼠标左键，效果如图 9-128 所示。

"轮廓图"工具的属性栏，如图 9-129 所示。其中各选项的含义如下。

"预设列表"选项 预设... ▼：选择系统预设的样式。

"向内"按钮、"向外"按钮：使对象产生向内和向外的轮廓图。

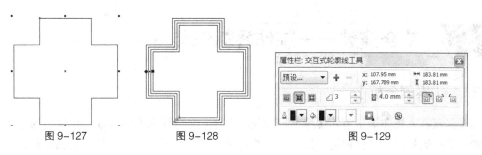

图 9-127   图 9-128   图 9-129

"到中心"按钮 ▦：根据设置的偏移值一直向内创建轮廓图，效果如图 9-130 所示。

"轮廓图步数"选项 ⌐³ 和"轮廓图偏移"选项 ▤ 4.0 mm：设置轮廓图的步数和偏移值，如图 9-131、图 9-132 所示。

"轮廓颜色"选项 ⌂■▾：设定最内一圈轮廓线的颜色。

"填充色"选项 ◇■▾：设定轮廓图的颜色。

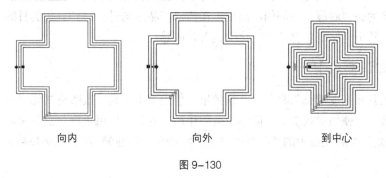

向内   向外   到中心

图 9-130

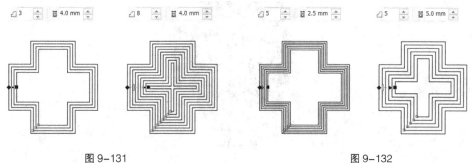

图 9-131   图 9-132

9.2.5 【实战演练】制作酒包装

使用图框精确剪裁命令将图置入到背景图形中；使用阴影工具为图形添加阴影效果；使用插入条形码命令制作条形码。（最终效果参看光盘中的"Ch09 > 效果 > 制作酒包装"，见图 9-133。）

图 9-133

中
等
职
业
教
育
数
字
艺
术
类
规
划
教
材

9.3 综合演练——制作香粽包装

9.3.1 【案例分析】

粽子是汉族人民在端午节的传统节日食品，由粽叶包裹糯米蒸制而成。传说是为纪念屈原而流传的，是中国历史上文化积淀最深厚的传统食品。作为重要的节日食品，其包装设计要求也尤为重要。本例是为某公司制作的粽子包装，要求体现其传统食物的特色。

9.3.2 【设计理念】

在设计制作过程中，包装的背景使用黄绿的渐变，象征着粽子的外皮，清爽怡人，同时体现出自然、健康、可口的产品特点；背景上布满粽子的由来和传说，在传扬了中国的传统文化的同时，展现出深厚的公司底蕴；右侧的产品展示在突出产品的同时，达到宣传的目的，左侧的书法字体独具特色。整个包装既包含传统文化又具有时尚感。

9.3.3 【知识要点】

使用矩形工具和渐变填充工具制作背景效果；使用文本工具、段落格式化命令和透明度工具制作背景文字效果；使用形状工具和阴影工具制作产品名称；使用贝塞尔工具和形状工具制作印章效果。（最终效果参看光盘中的"Ch09 > 效果 > 制作香粽包装"，见图9-134。）

图9-134

9.4 综合演练——制作 CD 包装

9.4.1 【案例分析】

目前我们已告别 CD 时代，走入数字时代，但是 CD 是一代人的记忆和喜好，目前也有许多人热衷于收集 CD。本例要求制作 CD 的包装，设计要求具有艺术收藏价值。

9.4.2 【设计理念】

在设计制作过程中，使用一个瀑布的风景照片作为包装背景，温暖明亮的阳光随着瀑布倾斜而出，展现出自然、梦幻的氛围；亮黄色的包装边框与背景搭配形成自然的过渡，给人舒适自然的印象；白色的文字在画面中醒目突出。整个 CD 的包装设计具有独特的艺术感。

9.4.3 【知识要点】

使用矩形工具、椭圆形工具、移除前面对象命令和图框精确剪裁命令制作 CD 盒背景效果；使用贝塞尔工具和透明度工具绘制装饰图形；使用文本工具、渐变填充工具和阴影工具添加文字效果。（最终效果参看光盘中的"Ch09 > 效果 > 制作 CD 包装"，见图 9-135。）

图 9-135

第10章 综合设计实训

本章的综合设计实训案例，是根据商业设计项目真实情境来训练学生如何利用所学知识完成商业设计项目。通过多个商业设计项目案例的演练，使学生进一步牢固掌握 CorelDRAW X5 的强大操作功能和使用技巧，并应用好所学技能制作出专业的商业设计作品。

案例类别

- 书籍设计
- 杂志设计
- 宣传单设计
- 广告设计
- 包装设计

10.1 书籍设计——制作花卉书籍封面

10.1.1 【项目背景及要求】

1. 客户名称

旭佳图书策划传播有限公司。

2. 客户需求

要求为《家庭健康花卉》书籍设计书籍封面，目的是为书籍的出版及发售使用，本书的内容是介绍关于家庭花卉的养殖方法和技巧，所以设计要围绕花卉这一主题，通过封面直观快速地吸引读者，将书籍内容全面的表现出来。

3. 设计要求

（1）书籍封面的设计以传达家庭健康花卉内容为主要宗旨，紧贴主题。
（2）封面色彩以白色或浅色调为主，画面要求干净清爽。
（3）设计要求以花卉图片作为封面主要内容，明确主题。
（4）整体设计要体现家庭的温馨感觉。
（5）设计规格均为 384mm（宽）×260mm（高），分辨率为 300 dpi。

10.1.2　【项目创意及制作】

1.　设计素材

图片素材所在位置：光盘中的"Ch10 ＞ 素材 ＞ 制作花卉书籍封面 ＞ 01~08"。

文字素材所在位置：光盘中的"Ch10 ＞ 素材 ＞ 制作花卉书籍封面 ＞ 文字文档"。

2.　设计作品

设计作品效果所在位置：光盘中的"Ch10 ＞ 效果 ＞ 制作花卉书籍封面"，如图 10-1 所示。

图 10-1

3.　步骤提示

步骤 1 按 Ctrl+N 组合键，新建一个页面。在属性栏的"页面度量"选项中，将"宽度"选项设为 384mm，"高度"选项设为 260mm。

步骤 2 选择"选择"工具 ，用圈选的方法将需要的图形同时选取，如图 10-2 所示。选择"效果 ＞ 图框精确剪裁 ＞ 放置在容器中"命令，鼠标指针变为黑色箭头，在矩形框上单击，将图片置入矩形框中，去除轮廓线，效果如图 10-3 所示。

图 10-2

图 10-3

步骤 3 选择"文本"工具 ，在页面中输入需要的文字。选择"选择"工具 ，在属性栏中选择合适的字体并设置文字大小，单击"将文本更改为垂直方向"按钮 更改文字方向，效果如图 10-4 所示。用相同的方法添加其他文字，效果如图 10-5 所示。

图 10-4

图 10-5

步骤 4 选择"文本"工具 字，在适当的位置拖曳出一个文本框，如图 10-6 所示。输入需要的文字，选择"选择"工具 ，在属性栏中选择合适的字体并设置文字大小，单击"将文本更改为垂直方向"按钮 ⊞ 更改文字方向，效果如图 10-7 所示。选择"文本 > 段落格式化"命令，在弹出的面板中进行设置，如图 10-8 所示，按 Enter 键，效果如图 10-9 所示。

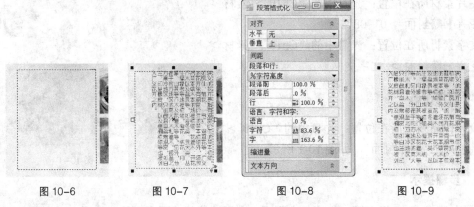

图 10-6　　　　图 10-7　　　　图 10-8　　　　图 10-9

步骤 5 选择"编辑 > 插入条码"命令，在弹出的对话框中进行设置，如图 10-10 所示。单击"下一步"按钮，切换到相应的对话框，设置如图 10-11 所示。单击"下一步"按钮，切换到相应的对话框，设置如图 10-12 所示。单击"完成"按钮，将其拖曳到适当的位置，效果如图 10-13 所示。

图 10-10　　　　　　　　　　图 10-11

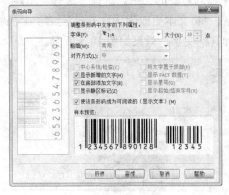

图 10-12　　　　　　　　　　图 10-13

10.2 杂志设计——制作摄影杂志封面

10.2.1 【项目背景及要求】

1. 客户名称

空雨视觉文化传播有限公司。

2. 客户需求

《视觉景象》是一本关于摄影器材以及摄影技巧介绍的专业杂志。要求进行杂志封面设计，用以杂志的出版发售。由于摄影杂志的受众群体都是爱好摄影的人士，所以杂志封面要针对摄影爱好者的喜好来进行设计，在封面上充分表现杂志的特色，并赢得消费者的关注。

3. 设计要求

（1）封面设计要求运用设计的艺术语言去传达杂志内容信息。

（2）以专业的摄影照片作为封面的背景底图，文字与图片搭配合理，具有美感。

（3）色彩要求围绕照片进行设计搭配，达到舒适自然的效果。

（4）整体的感觉要求时尚，并且体现杂志的专业性。

（5）设计规格均为 210mm（宽）×285mm（高），分辨率为 300 dpi。

10.2.2 【项目创意及制作】

1. 设计素材

图片素材所在位置：光盘中的"Ch10 > 素材 > 制作摄影杂志封面 > 01"。

文字素材所在位置：光盘中的"Ch10 > 素材 > 制作摄影杂志封面 > 文字文档"。

2. 设计作品

设计作品效果所在位置：光盘中的"Ch10 > 效果 > 制作摄影杂志封面"，如图 10-14 所示。

图 10-14

3. 步骤提示

步骤 1 按 Ctrl+N 组合键，新建一个页面。在属性栏的"页面度量"选项中分别设置宽度为 210mm、高度为 285mm，按 Enter 键，页面尺寸显示为设置的大小。

步骤 2 选择"效果 > 图框精确剪裁 > 放置在容器中"命令，鼠标指针变为黑色箭头，在矩形框上单击，如图 10-15 所示，将图片置入矩形框中。在"CMYK 调色板"中的"无填充"按钮⊠上单击鼠标右键，去除矩形框的轮廓线，效果如图 10-16 所示。

图 10-15　　　　　　　　　　　图 10-16

步骤 4 选择"阴影"工具 □，在文字中从上向下拖曳鼠标，为文字添加阴影效果。在属性栏中进行设置，如图 10-17 所示，按 Enter 键，效果如图 10-18 所示。

图 10-17　　　　　　　　　　　图 10-18

步骤 5 选择"文本"工具 字，分别输入需要的文字。选择"选择"工具 □，分别在属性栏中选取适当的字体并设置文字大小，设置文字颜色的 CMYK 值为 0、20、100、0，填充文字，效果如图 10-19 所示。

步骤 6 选择"选择"工具 □，用全选的方法选取需要的图形和文字，在属性栏中的"旋转角度"框 ○ ﹒⁰ 中设置数值为 16.8°，按 Enter 键，效果如图 10-20 所示。

图 10-19　　　　　　　　　　　图 10-20

10.3 宣传单设计——制作房地产宣传单

10.3.1 【项目背景及要求】

1. 客户名称

金利达房地产开发有限公司。

2. 客户需求

设计制作的房地产宣传，作为大量派发之用，适合用于展会、巡展、街头派发。宣传单的内容需较简单，将最大的卖点有效地表达出来，以第一时间吸引客户的注意。

3．设计要求

（1）设计风格清新淡雅，主题突出，明确市场定位。

（2）突出对住宅的宣传，并传达出公司的品质与理念。

（3）设计要求简单大气，图文编排合理并且具有特色。

（4）以真实简洁的方式向观者传达信息内容。

（5）设计规格均为 285mm（宽）×210mm（高），分辨率为 300 dpi。

10.3.2　【项目创意及制作】

1．设计素材

图片素材所在位置：光盘中的"Ch10 > 素材 > 制作房地产宣传单 > 01~07"。

文字素材所在位置：光盘中的"Ch10 > 素材 > 制作房地产宣传单 > 文字文档"。

2．设计作品

设计作品效果所在位置：光盘中的"Ch10 > 效果 >
制作房地产宣传单"，如图 10-21 所示。

3．步骤提示

步骤　1　按 Ctrl+N 组合键，新建一个页面。在属性栏的
"页面度量"选项中分别设置宽度为 285mm、高度为
210.0mm，按 Enter 键，页面尺寸显示为设置的大小，
如图 10-22 所示。

图 10-21

步骤　2　选择"文本"工具 字，在适当的位置输入需要
的文字。选择"选择"工具 ，在属性栏中选择合适的字体并设置文字大小。设置文字颜色
的 CMYK 值为 66、100、49、37，填充文字，效果如图 10-23 所示。

图 10-22

图 10-23

步骤　3　选择"文本"工具 字，在页面中输入需要的文字，在属性栏中选择合适的字体并设置
文字大小，如图 10-24 所示。单击属性栏中的"将文本更改为垂直方向"按钮 ，在适当的
位置分别输入需要的文字。选择"选择"工具 ，在属性栏中分别选择合适的字体并设置文
字大小，效果如图 10-25 所示。

图 10-24

图 10-25

步骤 **4** 选择"文本"工具 ，选取数字"2"，单击属性栏中的"字符格式化"按钮 ，弹出"字符格式化"面板，选项的设置如图 10-26 所示，文字效果如图 10-27 所示。

图 10-26

图 10-27

步骤 **5** 选择"形状"工具 ，向左拖曳文字下方的 图标，调整文字的间距，效果如图 10-28 所示。使用上述相同的方法添加其他需要的文字，效果如图 10-29 所示。

图 10-28

图 10-29

10.4 广告设计——制作商场广告

10.4.1 【项目背景及要求】

1. 客户名称

荣昌百货商场。

2. 客户需求

荣昌百货商场开业十周年欢庆活动，要求设计商场促销宣传海报，能够适用于街头派发、橱窗及公告栏展示，海报的语言要求简明扼要，形式要做到新颖美观，突出宣传促销买点，使消费者能够快速接收到促销信息。

3. 设计要求

（1）海报要求将活动的性质、内容及形式进行明确的介绍。

（2）画面要求突出活动标题、图形，使用对比强烈的色彩，丰富画面。

（3）设计要求表现出活动的欢庆与热闹的氛围。

（4）以简练的视觉流程将活动内容设计为视觉焦点。

（5）设计规格均为 130mm（宽）×180mm（高），分辨率为 300 dpi。

10.4.2　【项目创意及制作】

1. 设计素材

图片素材所在位置：光盘中的"Ch10 > 素材 > 制作商场广告 > 01~04"。

文字素材所在位置：光盘中的"Ch10 > 素材 > 制作商场广告 > 文字文档"。

2. 设计作品

设计作品效果所在位置：光盘中的"Ch10 > 效果 > 制作商场广告"，如图 10-30 所示。

图 10-30

3. 步骤提示

步骤 1　选择"文本"工具，在页面中分别输入需要的文字。选择"选择"工具，在属性栏中分别选取适当的字体并设置文字大小，效果如图 10-31 所示。

步骤 2　选择"选择"工具，选取文字"7"。再次单击文字，使文字处于旋转状态，如图 10-32 所示。向右拖曳文字上方中间位置的控制手柄到适当的位置，将文字倾斜，效果如图 10-33 所示。用相同的方法制作其他文字效果，如图 10-34 所示。

图 10-31

图 10-32　　　　　　　　图 10-33

图 10-34

步骤 3　选择"选择"工具，选择文字"7"。选择"渐变填充"工具，弹出"渐变填充"对话框，单击"自定义"单选钮，在"位置"选项中分别添加并输入 0、53、100 几个位置点，单击右下角的"其它"按钮，分别设置几个位置点颜色的 CMYK 值为 0（0、40、100、0）、53（0、2、100、0）、100（0、0、0、0），其他选项的设置如图 10-35 所示，单击"确定"按钮填充文字，效果如图 10-36 所示。

图 10-35

图 10-36

步骤 4 按 F12 键，弹出"轮廓笔"对话框，将"颜色"选项的 CMYK 值设为 0、100、100、0，其他选项的设置如图 10-37 所示。单击"确定"按钮，效果如图 10-38 所示。

图 10-37

图 10-38

步骤 5 选择"阴影"工具 ，在图形上由中心向右下方拖曳光标，为图形添加阴影效果，在属性栏中进行设置如图 10-39 所示，按 Enter 键，效果如图 10-40 所示。用相同的方法制作其他文字效果，如图 10-41 所示。

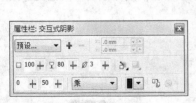

图 10-39

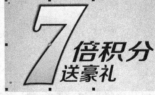

图 10-40

图 10-41

10.5 包装设计——制作饮料包装

10.5.1 【项目背景及要求】

1. 客户名称

味鲜美饮品有限公司。

2. 客户需求

味鲜美饮品有限公司是一家以果汁饮品为主要经营范围的食品公司，要求为本公司最新研制的新品橙汁制作产品包装，包装重点表现果汁的口感及最新的产品特色，与品牌的形象相贴合，吸引消费者注意。

3. 设计要求

（1）包装风格要求清新自然，突出品牌和卖点。

（2）缤纷的色彩能够触动顾客的味蕾，要求色彩明快、艳丽，夺人眼球。

（3）设计要求简洁大方，以鲜橙作为包装的设计要素，文字效果在画面中突出。

（4）整体效果要求具有动感和活力。

（5）设计规格均为 95mm（宽）×110mm（高），分辨率为 300 dpi。

10.5.2 【项目创意及制作】

1. 设计素材

图片素材所在位置：光盘中的"Ch10 > 素材 > 制作饮料包装 > 01~07"。

文字素材所在位置：光盘中的"Ch10 > 素材 > 制作饮料包装 > 文字文档"。

2. 设计作品

设计作品效果所在位置：光盘中的"Ch10 > 效果 > 制作饮料包装"，如图 10-42 所示。

图 10-42

3. 步骤提示

步骤 1 选择"选择"工具，用圈选的方法将需要的图形同时选取，如图 10-43 所示。选择"效果 > 图框精确剪裁 > 放置在容器中"命令，鼠标指针变为黑色箭头，在背景图形上单击，将图片置入背景中，效果如图 10-44 所示。

图 10-43

图 10-44

步骤 2 选择"贝塞尔"工具，在适当的位置绘制一个不规则图形。设置图形颜色的 CMYK 值为 0、100、100、0，填充图形。设置图形轮廓线颜色为白色，在属性栏中将"轮廓宽度"

中等职业教育数字艺术类规划教材

选项设为 0.38，按 Enter 键，效果如图 10-45 所示。用相同的方法绘制其他图形，如图 10-46 所示。

图 10-45

图 10-46

步骤 3 选择"贝塞尔"工具绘制一条曲线，如图 10-47 所示。选择"文本"工具，输入需要的文字。选择"选择"工具，在属性栏中选取适当的字体并设置文字大小，填充文字为白色，效果如图 10-48 所示。

步骤 4 选择"文本 > 使文本适合路径"命令，将文字拖曳到曲线上，文字自动绕路径排列，单击鼠标，文字效果如图 10-49 所示。选择"选择"工具，选择路径，在"无填充"按钮上单击鼠标右键，去除路径的轮廓线，效果如图 10-50 所示。

图 10-47

图 10-48

图 10-49

图 10-50

步骤 5 按 Ctrl+I 组合键，弹出"导入"对话框。选择光盘中的"Ch10 > 素材 > 制作饮料包装 > 05"文件，单击"导入"按钮。在页面中单击导入的图片，将其拖曳到适当的位置，效果如图 10-51 所示。

步骤 6 选择"位图 > 三维效果 > 透视"命令，在弹出的对话框中进行设置，如图 10-52 所示。单击"确定"按钮，效果如图 10-53 所示。用上述方法制作包装图形侧面效果，如图 10-54 所示。

图 10-51

图 10-52

图 10-53

图 10-54